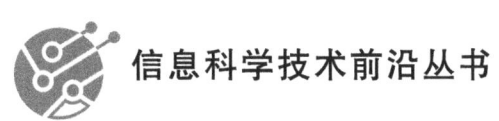 信息科学技术前沿丛书

基于室内移动机器人的多传感器融合技术

马慧鋆　金学波　著

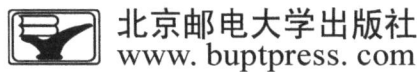
北京邮电大学出版社
www.buptpress.com

内 容 简 介

自2023年年初工业和信息化部等十七部门印发《"机器人+"应用行动实施方案》以来,相关扶持政策井喷式爆发,机器人产业加速实现规模化发展,相关产品深度融入实体经济,成为重要的经济增长新引擎和新质生产力的代表。目前,系统阐述多传感器融合技术的书籍较少,而多传感器融合是未来机器人发展的一个重要方向。本书通过介绍多种模型、算法及具体化的实验,为基于多传感器融合的机器人应用提供了实践路径,对相关学者、研究人员具有实际指导意义,可以作为技术应用的参考书。

图书在版编目(CIP)数据

基于室内移动机器人的多传感器融合技术 / 马慧鋆,金学波著. -- 北京:北京邮电大学出版社,2025.
ISBN 978-7-5635-7605-0

Ⅰ. TP242

中国国家版本馆CIP数据核字第2025VX6995号

策划编辑:马晓仟	责任编辑:蒋慧敏	责任校对:张会良	封面设计:七星博纳

出版发行:北京邮电大学出版社
社　　址:北京市海淀区西土城路10号
邮政编码:100876
发 行 部:电话:010-62282185　传真:010-62283578
E-mail:publish@bupt.edu.cn
经　　销:各地新华书店
印　　刷:保定市中画美凯印刷有限公司
开　　本:720 mm×1 000 mm　1/16
印　　张:10.75
字　　数:186千字
版　　次:2025年8月第1版
印　　次:2025年8月第1次印刷

ISBN 978-7-5635-7605-0　　　　　　　　　　　　定　价:68.00元

· 如有印装质量问题,请与北京邮电大学出版社发行部联系 ·

前　言

　　室内定位与导航技术是近年来快速发展的一个研究领域，在智能机器人、移动设备、医疗健康、智能家居等众多应用场景中展现出巨大的潜力和价值。传统的室外定位技术（如 GPS）在室内环境中存在明显的局限性，因此，研究基于多传感器融合的室内定位与导航技术具有重要意义。本书旨在系统地介绍和探讨该领域的关键技术及最新进展，为研究人员、工程师和学生提供全面的理论与实践指导。

　　第 1 章简要介绍了室内定位与导航机器人技术的研究现状，通过对国内外研究的综述，读者可以全面地了解该领域的前沿进展。第 2 章详细介绍了基于 ROS 的移动机器人的硬件平台和软件架构，内容包括主控制系统、底盘主控制器、传感器介绍以及传感器之间的通信关系，同时还介绍了车体仿真模型的搭建。第 3 章主要探讨了室内移动机器人的运动模型建立及误差标定，具体介绍了坐标系变换模型、速度运动模型、激光雷达观测模型、里程计模型及误差标定，并通过实验验证了这些模型的有效性。第 4 章介绍了基于改进 Cartographer 算法的激光 SLAM 技术的原理及分类，重点讨论了改进的 Cartographer 算法的设计和优化策略，通过实验验证了改进 Cartographer 算法在地图构建中的实际效果。第 5 章详细描述了基于机器人平台的 Cartographer 算法的实验设计、地图构建实验及其结果分析，通过对比实验，展示了改进算法的优势。第 6 章探讨了多传感器融合在室内建图中的应用，包括里程计模型、地图构建原理解析、室内建图算法的比较，并介绍了一种基于视觉信息修正的改进建图算法，具体讨论了单目相机的标定原理、二维码信息与地图信息的融合、二维码位姿确立以及系统实验的设计与验证。第 7 章重点介绍了基于激光的移动机器人建图和导航方法，涵盖了全局路径规划算法（如迪杰斯特拉算法和 A* 算法）和局部路径规划算法，并通过导航实验验证了这些方法的有效性。第 8 章研究了基于 INS 误差的校正方法，具体介绍了 INS 力学编排算法、

INS 优化方法，并通过实验验证了基于 INS 的误差校正模型的有效性。第 9 章介绍了地磁基本理论及其在室内导航中的应用，包括 IndoorAtlas 地磁建图系统的介绍和实验。具体讨论了惯性/磁场系统融合方法、惯性/磁场组合导航系统状态方程和惯性/磁场组合导航系统测量方程。第 10 章详细介绍了基于 Android 手机的室内导航系统的实现方法。

在本书撰写过程中，作者参考了许多国内外同行学者的研究成果。正是这些学者出色的研究成果，卡尔曼滤波器在实际系统中的应用研究得以不断进步。本书凝结了作者在该领域多年的研究成果，作者真诚地希望将这些研究成果分享给广大读者，以促进卡尔曼滤波器估计与跟踪领域的进一步研究和应用，尤其希望本书提供的方法能够在新领域和新问题中开辟新的研究方向，帮助读者有效地解决实际问题。

最后，感谢北京工商大学对本书作者的支持，感谢国家自然科学基金（项目编号：62173007）对本书出版的资助。

作 者
2025 年 1 月 15 日

目　　录

第1章　绪论 ………………………………………………………… 1

  1.1　引言 ………………………………………………………… 1

  1.2　室内定位与导航机器人技术的研究现状 ………………… 2

    1.2.1　国外研究现状 ………………………………………… 2

    1.2.2　国内研究现状 ………………………………………… 5

  1.3　基于Android手机的室内导航技术的研究现状 ………… 7

    1.3.1　国外研究现状 ………………………………………… 7

    1.3.2　国内研究现状 ………………………………………… 10

  1.4　本书结构 …………………………………………………… 12

  本章小结 ………………………………………………………… 13

第2章　基于ROS的移动机器人 …………………………………… 14

  2.1　引言 ………………………………………………………… 14

  2.2　机器人硬件平台介绍 ……………………………………… 16

    2.2.1　主控制系统 …………………………………………… 16

    2.2.2　底盘主控制器 ………………………………………… 17

  2.3　传感器介绍 ………………………………………………… 18

    2.3.1　光电编码器 …………………………………………… 18

    2.3.2　激光雷达传感器 ……………………………………… 19

  2.4　传感器之间的通信关系 …………………………………… 22

  2.5　车体仿真模型搭建 ………………………………………… 22

本章小结 ·· 24

第3章 室内移动机器人运动模型建立及误差标定方法 ············· 25

3.1 引言 ·· 25
3.2 坐标系变换模型 ·· 25
3.3 速度运动模型 ··· 26
3.4 激光雷达观测模型 ·· 28
    3.4.1 三角测距法 ·· 28
    3.4.2 TOF测距法 ·· 29
3.5 里程计模型及误差标定 ·· 30
3.6 激光雷达校准标定实验 ·· 33
3.7 TF标定转换实验 ··· 34
本章小结 ·· 36

第4章 基于改进Cartographer算法的激光SLAM ··························· 37

4.1 引言 ·· 37
4.2 激光SLAM技术的原理及分类 ·· 37
4.3 栅格地图的定义 ·· 40
4.4 改进的SLAM算法设计 ·· 44
    4.4.1 Cartographer SLAM算法原理分析 ·· 46
    4.4.2 Cartographer SLAM算法优化策略 ·· 48
    4.4.3 map to map回环检测设计 ·· 49
    4.4.4 Lazy Decision延时决策设计 ··· 51
4.5 改进Cartographer算法实验验证 ··· 52
本章小结 ·· 54

第5章 基于机器人平台的Cartographer算法实现 ·························· 55

5.1 引言 ·· 55
5.2 实验平台介绍 ··· 56

5.2.1　机器人平台介绍 …………………………………………… 56
　　5.2.2　Rviz 可视化平台 …………………………………………… 57
　5.3　改进 Cartographer 算法实验设计以及评价标准 …………………… 57
　5.4　地图构建实验 …………………………………………………………… 58
　5.5　地图构建对比与结果分析 ……………………………………………… 62
　本章小结 ……………………………………………………………………… 66

第 6 章　基于多传感器融合的室内建图方法 …………………………… 67

　6.1　引言 ……………………………………………………………………… 67
　6.2　里程计模型 ……………………………………………………………… 67
　6.3　地图构建原理解析 ……………………………………………………… 71
　6.4　室内建图算法的比较 …………………………………………………… 73
　6.5　基于视觉信息修正的改进建图算法 …………………………………… 79
　　6.5.1　单目相机的标定原理 ………………………………………… 79
　　6.5.2　二维码信息与地图信息的融合 ……………………………… 87
　　6.5.3　二维码位姿确立 ……………………………………………… 89
　　6.5.4　系统实验 ……………………………………………………… 93
　本章小结 ……………………………………………………………………… 98

第 7 章　基于激光的移动机器人建图和导航方法 ……………………… 100

　7.1　引言 ……………………………………………………………………… 100
　7.2　全局路径规划算法 ……………………………………………………… 100
　　7.2.1　迪杰斯特拉算法 ……………………………………………… 100
　　7.2.2　A* 算法 ………………………………………………………… 102
　7.3　局部路径规划算法 ……………………………………………………… 105
　7.4　导航实验 ………………………………………………………………… 107
　本章小结 ……………………………………………………………………… 109

第 8 章　基于 INS 误差的校正方法研究 ………………………………… 110

　8.1　引言 ……………………………………………………………………… 110

8.2 INS 力学编排算法 ··· 110
　8.2.1 INS 力学编排算法描述 ····································· 110
　8.2.2 微分方程求取方法 ··· 112
　8.2.3 INS 力学编排算法实现 ····································· 113
8.3 INS 优化方法概述 ·· 115
8.4 基于 INS 的误差校正模型 ·· 116
　8.4.1 惯性传感器误差建模 ······································· 117
　8.4.2 误差模型建立 ·· 118
8.5 实验和结果 ·· 118
　8.5.1 数据预处理 ·· 119
　8.5.2 算法实现 ·· 120
本章小结 ·· 122

第 9 章 融合磁场信息的室内导航算法 ································· 123

9.1 引言 ·· 123
9.2 地磁基本理论介绍 ·· 123
9.3 室内 IndoorAltas 地磁建图 ·· 126
　9.3.1 软件简介 ·· 126
　9.3.2 地图应用创建过程 ··· 127
9.4 惯性/磁场信息的多传感器融合方法 ·································· 131
　9.4.1 惯性/磁场系统融合方法 ····································· 131
　9.4.2 惯性/磁场组合导航系统状态方程 ····························· 132
　9.4.3 惯性/磁场组合导航系统测量方程 ····························· 135
9.5 实验和结果 ·· 137
　9.5.1 实验描述 ·· 137
　9.5.2 地磁标定实验结果 ··· 137
9.6 影响组合导航精度的因素 ·· 139
本章小结 ·· 140

第10章 基于 Android 手机的室内导航实现 ……………………………… 141

10.1 引言 ……………………………………………………………… 141
10.2 室内导航系统的需求分析 ……………………………………… 141
10.3 Android 系统架构 ……………………………………………… 142
10.4 导航系统的总体架构 …………………………………………… 144
  10.4.1 软件设计模式 ……………………………………………… 144
  10.4.2 导航系统框架具体设计 …………………………………… 145
  10.4.3 客户端模块设计 …………………………………………… 145
  10.4.4 服务器端模块设计 ………………………………………… 146
  10.4.5 导航流程设计 ……………………………………………… 147
10.5 导航系统实现 …………………………………………………… 148
  10.5.1 加速度、陀螺仪、地磁信息的提取与处理 ……………… 148
  10.5.2 客户端与服务器端数据交换 ……………………………… 149
  10.5.3 离线训练阶段的实现 ……………………………………… 150
  10.5.4 在线导航阶段的实现 ……………………………………… 151
10.6 软件性能分析 …………………………………………………… 153
本章小结 ………………………………………………………………… 154

参考文献 ………………………………………………………………… 155

第1章
绪 论

1.1 引 言

随着国内外机器人技术的不断发展,基于移动机器人室内定位与建图的研究也得到了越来越多研究者以及高新科技公司的关注和发展。不断涌现的机器人技术为人们的生活和工作提供了更多的便利。同时这也要求机器人本身具有很好的环境适应能力。室内定位与建图的问题是由 Smith Self 和 Cheeseman 在 1987 年提出的,这也成为解决移动机器人环境识别和提高机器人自身灵活性的重要研究内容。

近几年,基于多传感器融合的机器人应用与算法研究也成了一大热点领域,该技术推动了地图构建、定位与自主导航等研究的发展,同一时期,基于室内服务机器人的研究也得到了相应快速发展,它们可以在商场、办公室或者家庭等一些室内环境中为人类提供更加便捷的服务。从机器人本质来讲,室内移动机器人技术的研究实则更多为对算法的研究,即通过算法融合传感器信息,得到机器人所处环境的描述和所处的位置信息,并能够根据任务设置规划出一条最佳路径以完成相关设定任务。室内定位与导航算法发展到现在,呈现出多种研究方向,并取得了非常丰富的成果,主要包括信息融合算法、定位技术以及路径规划等。

在移动机器人的定位与导航控制理论研究方法中,研究者们对确定性环境下的导航控制方法也展开了一些研究,并提出许多解决室内定位与导航的一些研究方法,但是在实际基于激光雷达的室内定位与建图系统中,仍然有不少关键的理论和技术问题需要解决和完善,这些问题包括有确定环境中的精准建模、定位、避障以及路径规划等问题。

1.2 室内定位与导航机器人技术的研究现状

1.2.1 国外研究现状

国外针对室内移动机器人的研究已经进行了很长一段时间,但大多数研究更多的是在实验室环境下进行,很难实现实用化。室内扫地机器人是第一个由实验室进入到人们实际生活中的一个典型案例,目前小米公司生产的自动扫地机器人做得比较完善。机器人室内创建地图与导航的问题可以描述为机器人处于一定的环境中,通过自身携带的内部传感器和外部传感器对周围的环境进行构造和复现,而且在构建地图的过程中还需要确定机器人所处的位置状态,机器人本身的位姿信息和地图信息是相互依赖的关系,缺一不可。

在20世纪初,机器人这一概念被提出,对于机器人究竟是什么这个问题,许多研究者从不同角度给出了不同的答案。安杰尔伯格曾经评论尽管无法定义机器人,但只要看到就会明白。韦伯斯特将机器人描述为一种外形接近人类并可完成多种复杂动作的机器[1-2]。现在,国际上对机器人的概念已经逐渐趋近一致,机器人是靠自身动力和控制能力来实现各种功能的一种机器系统。在20世纪60年代,研究者又分别提出机器人学三大法则,斯坦福研究所的Charles Rosen等研制出了Shakey自主移动机器人[3],如图1.1所示。其目的是研究应用人工智能技术以及在复杂环境下机器人系统的自主规划和控制。与此同时,可操作式人形机器人的成功研发,进一步吸引了众多研究者针对机器人步行机构开展相关研究,尤其是在如何解决不平整区位对机器人步态的影响方面的研究,其中最著名的研究成果是General Electric Quadruped[4]的步态人形机器人。

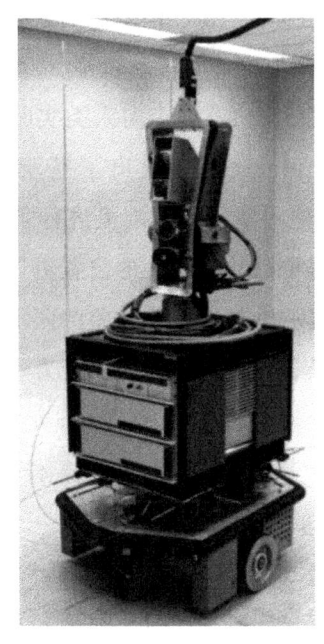

图 1.1　Shakey 自主移动机器人

目前,众多的研究者开始着手于自主移动机器人在未知环境中进行导航,即研究如何将机器人从当前位置移动到目的地,亟须解决的三个主要问题是:①机器人所在的位置;②机器人要到哪里去;③机器人如何到达目的地。[5-6] Leonard 和 Durrant-Whyte[7] 用这三个问题对机器人的导航技术进行了相应概括,最终提出同时定位与地图构建(Simultaneous Localization and Mapping,SLAM)技术[8],即机器人在未知环境中从未知起点开始移动时,SLAM 技术不断地对机器人进行定位和增量式地构建环境地图[9-10]。

机器人 SLAM 技术的研究要追溯到 20 世纪 80 年代,Smith 和 Cheesema 等提出了 SLAM 技术问题求解的数学基础,即描述几何不确定性和特征与特征之间相互关系的统计学原理。1988 年,Smith 和 Cheesema 提出了利用卡尔曼滤波算法对 SLAM 技术问题进行求解[11]。这也使得目前基于卡尔曼滤波的 SLAM 算法变得相当广泛。

机器人需要根据传感器观测到的环境信息和已经构建好的环境地图信息对自身进行位置确认[12],同时基于当前的定位结果继续构建周围地图,因此定位和地图构建是相互影响的。在整个同时定位与建图的过程中,传感器噪声误差有可能导致地图严重失真的情况发生,如里程计误差会随着时间的推移而不断迭代,使得机器人对自身的轨迹估计逐渐偏离实际移动轨迹,最终导致定位建图失败。

自主创建环境地图[13]是移动机器人走向人类实际生活的关键,具有重要的研究价值。Grisetti、Stachniss、Burgard等提出了基于改进的RBPF室内建图算法[14],该算法在原Gmappig建图算法的基础上进行了两处修改:①将当前观测的提议分布进行考虑分析,所提取的粒子所处的位置更逼近真实分布;②采用自适应重采样技术,该算法筛选出了一个粒子权重方差的阈值对粒子进行重采样操作。

此外,移动机器人必须具备在环境中运动的能力,能主动躲避障碍物并选择合适的路径前行[15]。目前,针对SLAM技术的研究问题主要分为基于激光的SLAM技术问题[16-17]和基于摄像机的SLAM技术问题。其中,最为代表性的SLAM技术是谷歌自主研发的无人自动驾驶技术[18-19],首先使用激光雷达、摄像头和位置评估器等一系列传感器对周围环境进行观测并将该汽车周围的地图以三维立体的形式进行描绘,其次采用同时定位与建图技术为汽车提供地图更新,能够让汽车在一定范围内自由通行,最后可以为汽车找到目的地。谷歌无人车如图1.2所示。

图1.2 谷歌无人车

1.2.2 国内研究现状

在国内近些年中,针对移动机器人的 SLAM 技术一直是国内高校的研究热点之一,其中主要分为以激光雷达为传感器的 SLAM 技术[20]和以视觉为传感器的 SLAM 技术[21]。其中,武二勇等[22]以激光雷达为传感器进行了大规模环境下的基于激光雷达的机器人算法实验研究。陈玲[23]等使用视觉传感器对室内的一些地标进行了识别,并实现了室内地图的创建和定位功能。李昀泽等[24]利用几何特征地图匹配思想对 RBPF-SLAM 算法进行改进,相比于传统的导航定位算法,该算法具有更好的可靠性。王依人等[25]针对 RBPF-SLAM 系统进行了优化设计,引入了自适应的重采样机制,解决了重采样带来的粒子消耗的问题。廖自威等[26]提出一种基于几何特征关联的室内扫描匹配 SLAM 方法,并且其定位精度大幅提高。朱福利等[27]利用 ZigBee 无线传感器网络获取机器人移动平台在环境中的位置对机器人的位置进行辅助更新,将导航和定位的精度进一步提高。龚正等[28]研发了一种低成本的室内建图系统,该系统是基于 TinySLAM 算法进行实现的,但 ZigBee 信号在某些场合容易被干扰,会引进不必要的误差源。宋宇等[29]针对激光雷达的移动机器人 SLAM 算法进行了相关研究,他们采用改进的无迹粒子滤波蒙特卡罗定位算法,以对机器人的精度进行提高。

基于机器人移动平台的导航定位[30-31]也是国家重要发展的行业之一。2003年,中国科学院自动化所研制出了第一个智能移动机器人 CASIA-I[32-33],该平台良好的开放性、可扩展性和稳定性为用户的二次开发提供了保证,它可以广泛用于医院、图书馆等公共场合的服务、展示以及可以根据人为的要求进行相关的作业。2011 年,国防科技大学自主研制的红旗 HQ3 无人车[34],首次完成了从长沙到武汉的高速远程无人驾驶实验并取得成功,该实验标志我国在无人驾驶方面取得了重大突破。2017 年,百度公司开发的百度无人车"阿波罗"[35]实现了在复杂交通情况下的自主驾驶,如图 1.3 所示。此外,针对大学生的各种无人驾驶汽车竞赛推动了该行业的发展,还有中通快递公司利用机器人进行货物分拣以及京东研发的无人机快递等。

图 1.3 百度无人车

目前，真正能够实现自主定位与导航的移动机器人仍不多。在移动机器人导航方面，在工业中以提前设定车体路线为主，如在地面铺设电磁线辅助车体导航。这种方案容易实现，但是路线一旦被确定，就不容易更改，推广性不强。在基于室内定位与建图研究的几年中，提出的解决方案主要是依据卡尔曼滤波的算法框架：有基于视觉和惯性传感器的机器人研究，也有基于激光雷达测距传感器的移动机器人定位与地图的研究。但大多数以理论研究为主，实际应用也多局限于室内或小规模的室外环境中。当机器人处在不规则的环境中时，这就对机器人本身的性能和实用性提出了更高的要求。

百度和谷歌都是全球科技行业的领军企业，他们都投入了多年时间和大量资金开发无人驾驶汽车技术，两者相比，谷歌发展慢而稳，百度的目标更为激进。在研发时间上，谷歌已拥有多年无人驾驶汽车研发经验，堪称无人驾驶汽车的鼻祖，而百度的无人驾驶汽车项目启动相对较晚，但是百度吸取谷歌的无人驾驶汽车研发方面的经验和教训，绕过许多弯道，依靠多年来在人工智能和深度学习方面的技术优势，成为后起之秀。在研发技术上，百度的无人驾驶汽车专利主要集中在传感、定位、识别三个方面，而谷歌的无人驾驶汽车专利则主要集中在传感和控制两个方面。由于谷歌提早布局，其整体技术领先百度，但是，百度在一些单项的核心技术方面世界领先，如在用摄像头判断物体、汽车上，百度的准确率高达 90.13%，位居世界第一。在国际通用街景数据集 KITTI 的车辆跟踪 6 项指标中，百度有 4

项位居世界第一。在发展模式上,谷歌倾向于为其他车企提供无人驾驶汽车技术,先是研发自主无人驾驶汽车,没有转向盘和制动器,后来迫于监管环境的因素,放弃自主无人驾驶汽车,效仿百度走厂商合作路线。百度对自己的定位是无人驾驶汽车的提供商。百度是世界上最早宣布要在 2021 年实现大规模量产无人驾驶汽车的公司,一直走厂商合作路线。在法律环境上,谷歌还在极力说服美国政府,希望可以允许更多的无人驾驶汽车上路测试,相对而言,百度更有优势,我国政策的灵活性较大,百度有望通过洽谈合作率先在国内的一些城市实现区域化经营。经过近几年的发展,百度和谷歌在无人驾驶汽车技术的研发方面已经取得了显著成果,但是实际的交通情况复杂,而且人工智能技术和人脑之间还存在较大的差距,实现完全自动的无人驾驶汽车技术仍然是任重而道远的。

1.3 基于 Android 手机的室内导航技术的研究现状

1.3.1 国外研究现状

近几年来,许多高校、国际公司和科研机构都在进行室内导航技术的研究,使得室内导航技术得到了迅速的发展。目前,常见的几种室内导航技术如下。

(1) 基于 Wi-Fi 的室内导航技术

在生活中,无线通信技术的进步使得可连接到无线网络的无线路由器接入点越来越多,Wi-Fi 可以通过这些无线路由器形成无线局域网络实现导航功能。其方法是通过预先设定好的位置设置好路由器,发射无线信号,当有移动设备接入无线局域网时,采集其信号强度,利用信号衰减模型推算与移动设备的距离,当路由器的个数有三个以上时,可使用较为成熟的三角定位方法对移动设备进行位置的计算[36-37]。

Wi-Fi 的使用在室内导航技术中较为普遍以及成熟,Wi-Fi 最大的优势在于不需要布线,不用受到布线条件的限制,搭建过程只需要无线网络和对应的接入点设备。利用 Wi-Fi 导航存在的主要问题是,在网络连接中,若存在病毒攻击手机的情况,将导致系统瘫痪。此外,由于室内构造较为复杂,门和墙体的阻挡会导致 Wi-Fi 信号强度受到影响,并且当接入点出现大范围变动时,导航的精度会出现较大偏差甚至导致导航错误。同时,当利用 Wi-Fi 导航时,需要不停地对周边的接入点进行扫描,会消耗移动设备大量的电量。

(2) 基于 iBeacon 蓝牙的室内导航技术

蓝牙作为一种适合近距离无线通信的设备,受到大家的广泛重视,其中具有代表性的就是苹果公司推出的 iBeacon 移动设备。在室内,通过将 iBeacon 移动设备设置为蓝牙网络接入点的主设备。当移动端进入时,可与多台主设备进行连接,从而获取主设备的信号强度,利用类似于基于 Wi-Fi 的导航技术,计算出用户的位置[38]。

在室内安装好 iBeacon 主设备后,当有移动端开启蓝牙功能并在所布置的环境中行走时,就可以通过接收信号强度获取移动端的位置情况,这种导航方式在室内环境较小时精度较高。当室内环境相对复杂或者存在其他信号源干扰时,信号的稳定性会受到影响,并且基于 iBeacon 的室内导航技术需要布置大量的设备,花费较大。现在人们主要使用的是 Wi-Fi。当人们进入室内时,人们会主动地打开手机 Wi-Fi,但很少有人会主动打开手机蓝牙来搜索信号,所以基于蓝牙的室内导航技术目前推广较为困难。

(3) 基于 UWB 的室内导航技术

UWB 是一种超宽带技术,有无载波、功率低、穿透力强、传输速度快等优点,使其在室内导航技术中取得较优异的成效,导航精度较高。在基于 UWB 的室内导航技术中,常采用基于时间的延时测距导航算法,通过接收信号到达的时间差,利用双曲线交叉的原理来实现导航。其存在的问题是,在导航过程中,随着数据的增多传输效率会大大下降,并且 UWB 的频谱利用率较低[39-42]。

(4) 基于超声波的室内导航技术

超声波导航的原理是在所导航的室内安装超声波信号接收器,并且需要将超声波发射器放置于目标上。当开启导航时,发射器发射超声波,接收器等待接收超声波信号。由于超声波在空气中传播的速度较慢,发射器到达每个接收器的时间会存在时间差,利用时间差推断出接收器与发射器的距离,进而推算出用户的位置[43]。

基于超声波的室内导航技术可以在小范围内获取精度较高的导航结果。但由于在较远距离传输时超声波发射出来的脉冲信号衰减非常明显,会存在当用户在大型室内场景时,脉冲信号的误差会变得不可控,同时信号接收器的部署也需要耗费大量的资金,因此基于超声波的室内导航技术很难在大型室内场景中进行使用。

(5) 基于红外线的室内导航技术

红外线是一种电磁波,其原理与超声波类似,也需要安装接收红外线的传感器,接收发射出来的红外线,从而实现室内导航。红外线导航在短距离导航方面精度极高,可以精确地计算出用户的实时位置。但它的缺点是红外线不能穿透障碍物,使得光学传感器只能接收直线传播过来的电磁波,其定位的适用场景被限制。同时,室内的光线本质上与红外线一样同属于电磁波,因此红外线定位很容易受灯光干扰造成定位误差,而只能沿直线传播使得布设光学传感器的成本比布设声波接收器和 iBeacon 移动设备高许多。

(6) 基于 RFID 的室内导航技术

在室内导航中,射频识别(radio frequency identification, RFID)技术是一种操作简易,非常适用于导航定位领域的技术。它可以利用微波进行无线通信,这种技术可以通过无线电信号在近距离识别目标,并且可以与识别的目标进行数据的读取[44]。基于 RFID 的室内导航技术借助这种特性,通过先在室内固定的位置安装信号读写设备,再将可被读取的标签安放在需要定位的物体上后,即可进行导航操作。基于 RFID 的室内导航技术可以实时得到高精度的导航信息,并且微波的传输范围较大,可以满足较大室内场景的导航需求。但是,射频设备较大,当室内导航需要依靠智能手机时,将其整合到其中的难度较大,因此该室内导航技术的推广受到了一定的限制。

(7) 基于 ZigBee 的室内导航技术

基于 ZigBee 的室内导航技术与基于 Wi-Fi 的室内导航技术类似,也是通过信号强度的衰减情况来计算距离的[45]。ZigBee 适用于短距离的无线通信,能量消耗较低,利用其这种特性,将接收 ZigBee 信号的装置安装在导航区域预先设置的位置,通过接收装置接收到的信号强度计算出发射信号源的位置。这种基于 ZigBee 的室内导航技术的优点是在小区域较为适合,且能量消耗也较少;缺点是在大区域数据采集工作量较大,并且只有将固定点设置较准确时,才能达到较高的精度。

(8) 基于地磁的室内导航技术

Janne Haverinen 提出了基于地磁的室内导航技术[46]，他们指出室内磁场受建筑物中钢筋混凝土结构的干扰，使得每个室内场景中地磁场产生了不同的分布情况。这种独特的地磁场分布可以被研究者记录下来，建立属于每个建筑物的地磁地图，通过用户获取到的地磁数据进行地磁匹配找到其所在位置，这种基于地磁的室内导航技术精度可达到 90% 以上。由于地磁信息是天然存在的，因而基于地磁的室内导航技术不需要安装其他装置，有利于作为人们日常生活使用的室内定位导航系统的选择，但其存在的问题是对于室内每一个位置点的地磁信息都需要多角度采集该点的地磁数据，这样大大地增加了采集地磁数据的工作量。

从上面关于室内导航技术的研究现状以及各种技术的优缺点中，我们可以看出，首先室内环境的复杂程度会影响室内导航的准确性，其次各个传感器本身的精密程度、室内安装方式也会在一定程度上影响导航的好坏。从成本预算考虑，Wi-Fi、iBeacon、超声波、红外线所需环境的布设较烦琐，易受室内（门、墙体）的影响且采集数据的工作量大，造成成本投入较大；从导航性能考虑，基于 UWB、超声波、红外线、RFID 的室内导航技术均为在小区域内能获得较高精度的导航结果，但随着用户行走距离的增加，传感器信号衰减较明显，造成导航误差很大；从导航便携使用考虑，Android 手机的用户量大，且内部包括多种传感器，而 iBeacon 只存在于苹果手机中，限制部分用户的使用，红外线、RFID 以及 ZigBee 都受场景的限制，不便于用户平时使用与推广。

本着控制成本、方便便携以及准确导航的原则，本书的研究采用基于 Android 手机的多传感器导航技术进行室内导航的研究，所以地磁传感器、加速度计传感器、陀螺仪传感器成为我们研究的重点传感器。同时，在人们对室内导航技术的探索中，现代技术方案逐渐从上述单一的传感器导航技术向两种及以上的传感器导航技术组合转变，以提高目标导航的精度。那么如何进行传感器的融合以实现对目标高精度的导航定位成了本书研究的重点。

1.3.2 国内研究现状

如今无线通信技术得到了迅猛发展，通过人们的位置信息提供更多优质服务越来越普遍,使得导航技术受到研究者的高度重视。导航技术通过可以计算位置信息的设备,为人们实时提供导航或者跟踪目标的职能,在机器人进行寻迹、无人车自主驾驶、物流实时跟踪等方面得到了广泛的应用。根据导航技术应用背景的不同,可以将该技术分为:①室外环境的导航技术;②室内环境的导航定位技术。

在室外导航技术中,较为成熟的方法是全球定位系统(global positioning system,GPS)。其原理是利用卫星系统观测地球上任意一点的经纬度信息,实现导航定位功能。GPS定位技术被广泛应用于市政的交通规划、车载系统的实时导航、航迹航向测定等多个方面。随着移动互联网不断融入人们的日常生活,各行各业推出了关于室外导航领域的各种产品,最具有代表性的有各种室外导航软件和交通软件,如共享汽车、单车和Google地图等。

根据GPS的定位原理可知,只有卫星信号可以到达的地方,才能给出较为准确的位置信息。但在室内环境中,由于墙体内存在钢筋和混凝土等物质,会导致GPS发射出的信号无法穿越墙体到达室内,从而使得GPS不能在室内给出准确的位置信息。然而,在现代生活中,大型室内场馆、大型储物场所日益增加,如写字楼、商场、图书馆等,这些场景环境更为复杂,并且存在更多的干扰信号,但是人们活动有80%的时间都是在这些室内环境中进行的。在室外环境中,一般导航精度只需控制在5 m内就可以满足人们的需求,但在室内环境中,由于室内空间相对较小,所需的导航精度需要达到1~2 m的要求,导航精度要求更高。因此,如何在提高室内导航精度的基础上控制成本成为研究者的重点研究方向。

目前,常用的室内导航技术有基于蓝牙[47]、ZigBee[48]、UWB[49]、超声波[50]、红外线[51]、Wi-Fi[52]、RFID[53]、地磁[54]等的室内导航技术。这些技术的相同点是都需要提前在所需导航环境中安装设备。密集地安装这些读取设备可以获得较高的精度。在市场上,虽然存在上述设备的室内导航产品,但仍存在很多问题(如设备的安装难度较大、便携不够方便、价格较贵等)需要解决。

研究者发现,便于携带的非介入设备对室内导航系统的建立是非常重要的。具体来讲,使用者无须安装其他设备或者携带其他设备,尤其是当人们进入不常去的地方参观或者开会等。因此,寻求一种室内导航技术能够充分利用人们目前携带的设备,并在此基础上增加其导航功能,尤其是室内导航功能,是非常具有前景的研究方向。由于目前移动端的快速发展,我们认为手机是很好的、可能实现此功能的硬件载体,并且手机中安装了加速度计、陀螺仪、地磁等传感器,这和本实验对此系统传感器的要求完全吻合。从软件来看,Android 系统自发布以来一直位于手机操作系统的前列,是目前用户群体较大的手机操作系统,并且得到了生产者和使用者的高度认可。在目前的手机操作系统中,Android 系统作为开源的手机操作系统,解决了用户群体较大的 iOS 系统存在的只能添加某些固定软件的问题。同时,谷歌提供了最新的 Android 手机存储器程序升级服务,为 Android 系统增加了更强大的核心实力[55]。另外,Android 系统有着自己强大的软件开发社区,在社区中开发人员可以共享彼此编写的软件程序,这样使得开发者和用户获得更多的选择权。

1.4 本书结构

本书聚焦于室内移动机器人的导航与建图,涉及激光雷达、视觉等传感器,探讨了 SLAM、INS 等技术。本书的每一章既相互关联又自成体系。具体来说,本书主要包括以下章节。

第 2 章主要是基于 ROS 平台的移动机器人系统。在 ROS 平台中不仅可以对进程消息进行交互,还可以提供部分的功能管理。其中,可执行程序的最小单元确定为 ROS 节点概念,节点之间数据的交流可通过消息实现,节点之间的通信可通过动作、服务、话题三种消息通信方式实现,由此构成了分布式系统。

第 3 章讲述了室内移动机器人运动模型建立及误差标定方法。在移动机器人运动过程中,经常使用坐标系变换来对机器人的运动进行描述,按照机器人不同部件在空间中的相对位置关系,就能获取不同部件下的坐标系对应的变换关系模型。

第 4 章讲述了基于改进 Cartographer 算法的激光 SLAM,在描述移动机器人 SLAM 问题时,科研人员通过深入研究与探讨,提出了一系列有效方案。概率法就属于其中之一,相对而言非常有效,在实践应用过程中,既能兼顾附近环境与噪声的不确定性,又会注重系统的复杂性。

第 5 章讲述了基于机器人平台的 Cartographer 算法实现,该机器人是基于 ROS 机器人操作系统进行程序开发的,并且对改进的 Cartographer 算法进行实现与验证。该机器人装载了激光雷达传感器、摄像头传感器和里程计传感器。

第6章讲述了在移动机器人位姿状态已知的假设条件下的地图构建问题,即在构建地图时,假设已经提前预知环境中某一部分的位姿信息,从而可以避开一些SLAM的问题。这里将会讨论几种常见的室内建图算法,统称为栅格地图构建算法。

第7章主要围绕在已知地图中实现室内自主导航的功能展开,从自身所处位姿的确定、局部路径的规划以及全局路径的规划的过程对导航算法进行相关介绍,并阐述在平台上实现室内自主导航算法的过程。

第8章主要讲述基于INS误差的校正方法研究,INS力学编排算法的实现是在捷联惯导系统下完成的,通过捷联惯导系统下的传感器数据进行建模分析,得到被测物体运动过程中的位置、速度和角度信息。

第9章主要讲述融合磁场信息的室内导航算法,在地磁的使用过程中,地磁模型有着重要的作用,它可以将地磁场的时间与空间结构转换成数学表达式。

第10章主要讲述室内导航系统主要采用客户端/服务器端架构,为用户提供基本的室内导航功能。在服务器端,开发者可以添加多种地图服务,为用户提供所在区域详细的地图信息。

本章小结

本章主要介绍了本书重点研究的两个方向,即室内定位导航机器人技术和基于Android手机的室内导航技术,并详细对这两个内容的国内外研究现状进行了说明。同时,对本书结构也进行了阐述,对每一章内容进行了概述,为后续章节的内容做了铺垫。

第 2 章
基于 ROS 的移动机器人

2.1 引 言

机器人操作系统(Robot Operating System,ROS)起源于 Switchyard 系统,该系统最初开发的目的是促进斯坦福大学的人工智能的研究。在完成开发之后,ROS 开始由 Willow Garage 公司具体负责,Willow Garage 公司主要负责对该平台的推广,该平台主要是为机器人应用程序开发提供相应的服务以及开发环境,通过该平台开发,可以对机器人研究和开发中的代码进行重复使用,进而实现大规模共享机器人研发生态系统的创建。ROS 之所以被称为机器人操作系统,是因为该系统能够实现操作系统的部分功能。在 ROS 中不仅可以对进程消息进行交互,还可以提供部分的功能管理。其中,可执行程序的最小单元确定为 ROS 节点概念,节点之间数据的交流可通过消息实现,节点之间的通信可通过动作、服务、话题三种消息通信方式实现,由此构成了分布式系统。节点和主节点之间的通信与节点之间的通信所采取的工具不同,前者利用 XMLRPC 实现,后者则利用 TCPROS 实现,TCPROS 属于 TCP/IP 通信系列。将 ROS 构架分为三个层级,其中第一个层级是文件系统级,第二个层级是计算图级,第三个层级是开源社区级。ROS 是免费且开源的,开源会吸引大量开发者对 ROS 的使用,促进 ROS 的更新换代,并且可以发现未知的错误。

ROS采用点对点的设计,ROS在运行中存在大量进程,一个进程包含一个或多个节点。在运行过程中,这些进程通过节点对节点的拓扑结构进行联系。点对点的设计和节点管理器的使用可以降低由机器视觉和图像处理等功能带来的计算压力。ROS可以使用多语言进行编程,目前支持Python、C++、Java等多种编程语言,对其他语言提供接口,方便实现功能,ROS节点交互图如图2.1所示。

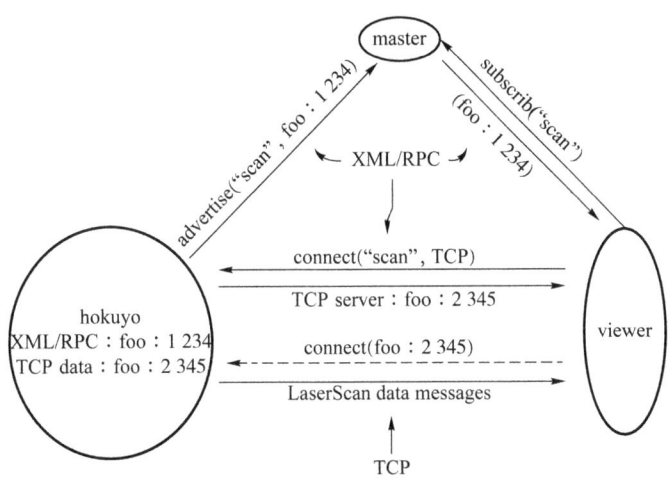

图2.1 ROS节点交互图

ROS具有丰富的工具包,ROS通过各种工具提高了机器人开发效率,Gazebo、Rviz工具可以提高机器人仿真的效率,除此之外在其他的环节还有其他的高效工具(如rqt、Moveit等)。ROS通过库的创建可以很好地实现数据的传输等功能,且不受硬件的限制。

ROS将复杂的代码封装在库里,只需创建了一些代码量较少的应用程序为ROS显示库中的功能,并允许对ROS库进行移植和重新使用,具有精简集成的特点。当进行单元测试时,即使代码在库中较为分散,但对其测试也变得非常容易,使用一套测试程序可以测试库中的很多特性。

本章将从软件层面和硬件层面详细地介绍自主设计的移动机器人,对所搭建的系统和传感器的选择进行全面的介绍,机器人框架图如图2.2所示。

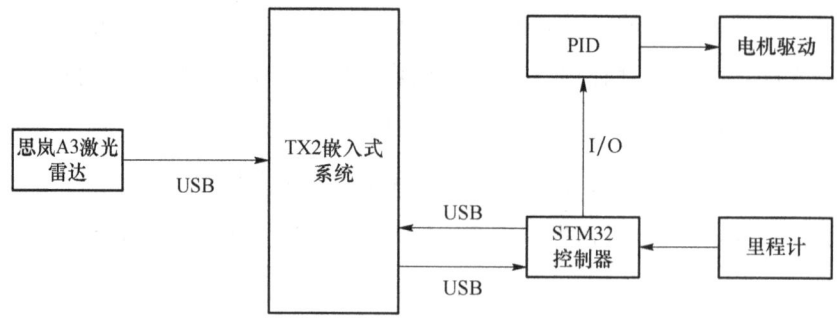

图 2.2 机器人框架图

2.2 机器人硬件平台介绍

2.2.1 主控制系统

由于通用电脑和工业计算器与重量都较大，不适合在移动机器人上使用，嵌入式处理器计算速度快、体积小、功耗低，特别适合部署在移动机器人上。通过对比英伟达 Jeston TX2 和英伟达 Jeston TX1 嵌入式平台的详细参数，选择更优秀的嵌入式平台。这两种嵌入式平台参数的对比如图 2.3 所示。在处理器方面，英伟达 Jeston TX2 由英伟达 Jeston TX1 的 Tegra X1 处理器升至 Tegra Parker 处理器，该处理器采用 16 nm 制造工艺，中央处理单元由 4 个 A57 核心组成。英伟达 Jeston TX2 的 GPU 则采用 Pascal 架构，拥有 256 颗 CUDA 核心，浮点性能为 1.5TeraFLOPS，相比老款 Tegra X1 的 GPU 性能提高约 50%。

	英伟达 Jetson TX2	英伟达 Jetson TX1
GPU	NVIDA Pascal 256 颗 CUDA 核心	NVIDA Maxwell 256 颗 CUDA 核心
CPU	Quad ARM A57+HMP Dual Denver L2	Quad ARM A57
RAM	8 GB 128 位 LPDDR4	4 GB 128 位 LPDDR4
数据储存	32 GB eMMC、SDBO	16 GB eMMC、SDBO

图 2.3 两种嵌入式平台参数的对比

经过两种嵌入式平台的对比我们采用了英伟达 Jeston TX2。英伟达 Jeston TX2 整体模块功耗低于 7.5 W,非常适合低能耗和高计算性能的应用场景。除了功耗和性能,英伟达 Jeston TX2 还具有丰富的 I/O 且尺寸更小,从而减少了系统集成的复杂度,可广泛应用于视频和图像处理、机器视觉增强现实、无人机等领域。英伟达 Jeston TX2 嵌入式平台如图 2.4 所示。

图 2.4 英伟达 Jeston TX2 嵌入式平台

2.2.2 底盘主控制器

底盘主控制器主要用来控制电机、编码器、IMU,以及获取上层导航系统传来的速度指令,将速度指令通过运动解析算法分配到各个电机上。关于底层主控制器,我们选择的是 STM32RCT6 芯片,如图 2.5 所示。STM32 芯片是一款低成本、低功耗的芯片,具有高达 158 MHz 的工作频率,并且对所有 ARM 单精度处理指令与单精度浮点单元给予相应支持,并对浮点运算具有良好的运算效果。STM32 芯片集成了全面的 DSP 指令,同时还融入了内存保护单元,使得应用系统更具有安全性。此芯片外设丰富,其中针脚数多达 144 个,可以和各种功能控制芯片与传感器进行对接,该芯片具有大量扩展的软件驱动包可以和 ROS 进行兼容。ArduinoMega2560 芯片是另一个对机器人底层运动进行控制的芯片,全球有大量开发者使用 ArduinoMega2560 芯片并将自己的成果开源。本章的研究没有选用 ArduinoMega2560 芯片的主要原因是:ArduinoMega2560 芯片在脉冲计数方面具有局限性,只能借助针脚的中断模式对编码器脉冲数进行读取。若脉冲倍率较高,丢脉冲的问题就会产生。而 STM32RCT6 芯片中所提供的定时器针脚能够设置成专用编码器,可以自动检测脉冲数与方向,能高效、精准地读取脉冲数。

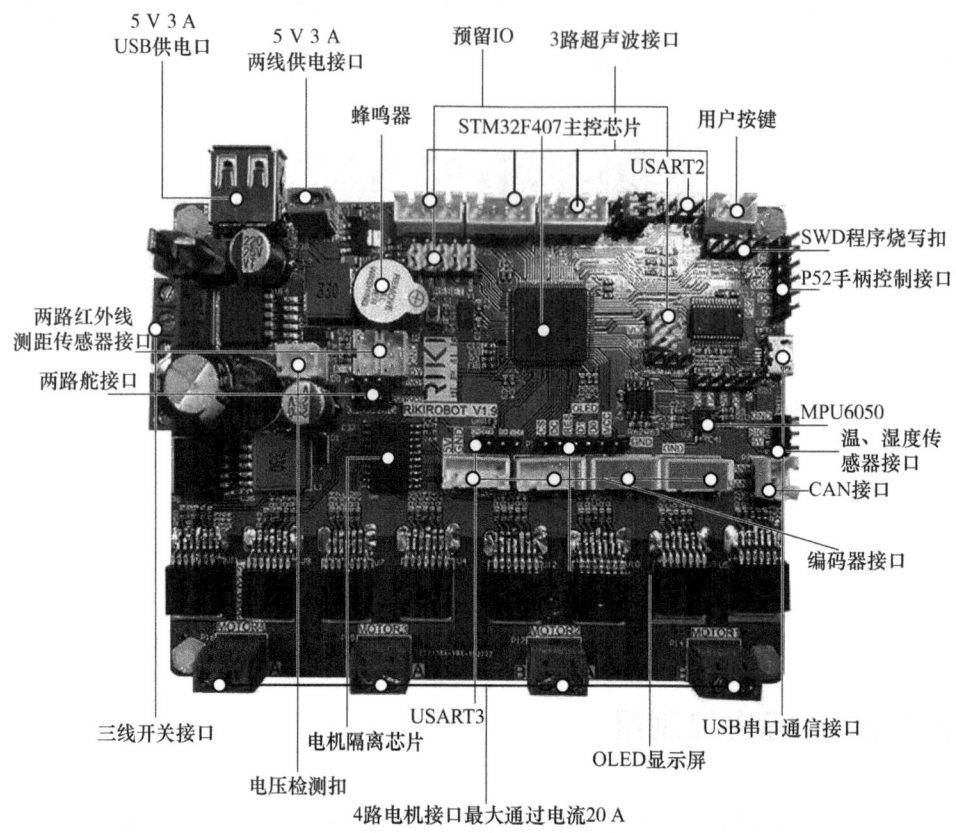

图 2.5　STM32 单片机控制器

2.3　传感器介绍

2.3.1　光电编码器

在运动控制系统中,光电编码器无疑是十分关键的传感器,所使用的移动机器人可以借助编码器对轮子的当前转速进行获取,从而控制机器人的转速。

光电编码器可以对系统内部值进行测量,属于本体感受式传感器。在导航与定位系统中,光电编码器所得到的位置估计具有最佳性。光电编码器需要提前声明起始位,为增量式光电编码器,在机器人移动之时,电机会进行转动,从而使得编码器的固定光栅能够共同转动。

光电编码器中具有光电检测设备,可以检测出通过光栅的光线。依据光线的明亮程度的动态改变,该检测设备就会获取一个正弦波信号,然后利用相应阈值使之离散成一个方波信号。在本章的研究中编码器能够细分成两路,依次为A与B,它们的相位差值为90°,正、负号对应旋转方向。该编码器为500线,属于正交编码器,它可以被集成至减速电机之上,为此轮子在转动一圈之后,电机就能实现14圈的转动,而这个14实际上就是电机减速比。这样AB相编码器就会生成多达7 000个数字脉冲信号。本次设定单位时间间隔为50 ms,对单位时间间隔内的脉冲数量进行计算,就能获取轮子的速度。

2.3.2 激光雷达传感器

如今激光雷达传感器已经成为移动机器人的标配装置,而且在控制机器人过程中也将其视作目标速度、位置参量获取的重要传感器。而对室内移动机器人来说,激光雷达传感器具有稳定的环境感知能力,而且利用激光SLAM算法可以进行室内环境的二维栅格地图的构建。

激光雷达传感器作为最重要的传感器,选择至关重要。通过对比国内激光雷达的优秀厂商思岚科技的思岚A1和思岚A3两种激光雷达的参数和实验结果来决定选择哪种激光雷达。两种激光雷达的参数对比见表2.1。

表2.1 两种激光雷达的参数对比表

项目	思岚A1	思岚A3
测距范围	0.15~12 m	0.10~25 m
测评频率	8 000 Hz	16 000 Hz
扫描频率	5.6 Hz	10~15 Hz
单次测距时间	0.5 ms	0.25 ms
角度分辨率	<1(°)/s	0.54(°)/s

通过对比两种激光雷达的参数，明显发现思岚 A3 激光雷达的各项参数均好于思岚 A1 激光雷达。思岚 A3 激光雷达有着较高扫描频率，当移动机器人以更快速度运动时，能通过释放更多的粒子进行地图构建，可以更好地保证地图构建的质量；更低的角度分辨率可有效地遏制畸变的产生，测距范围更远可进行更大规模的地图构建。

接下来对激光雷达进行实验，直接观测两种激光雷达的实时测距结果。在进行实验前需要下载应用手册 SDK 和固件，并按照用户手册要求的步骤通过 USB 适配器进行激光雷达驱动程序安装和编译。而 Rviz 是 ROS 下典型的可视化软件，使用障碍物遮挡机器人行进方向的正前方，模拟机器人行进中的障碍物，通过观察激光雷达的扫描效果，完成对两种激光雷达的比较。

实验结果如图 2.6 和图 2.7 所示，代表机器人周围有障碍物出现的环境图。三个相互垂直的坐标轴依次为激光雷达坐标系中的 X 轴、Y 轴与 Z 轴。其正前方为激光雷达的 X 轴，点为扫描到物体上的激光点。激光点的数量越多，说明激光雷达的扫描频率和测评频率越高，激光雷达的质量越好；否则，说明激光雷达性能越弱。我们可以清晰地得出，思岚 A3 激光雷达的效果好于思岚 A1 激光雷达的效果。

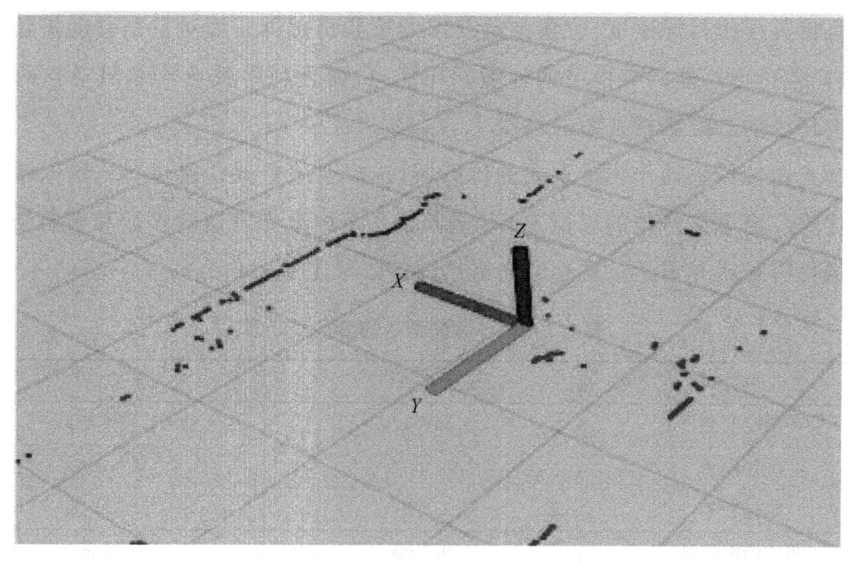

图 2.6　思岚 A3 激光雷达效果图

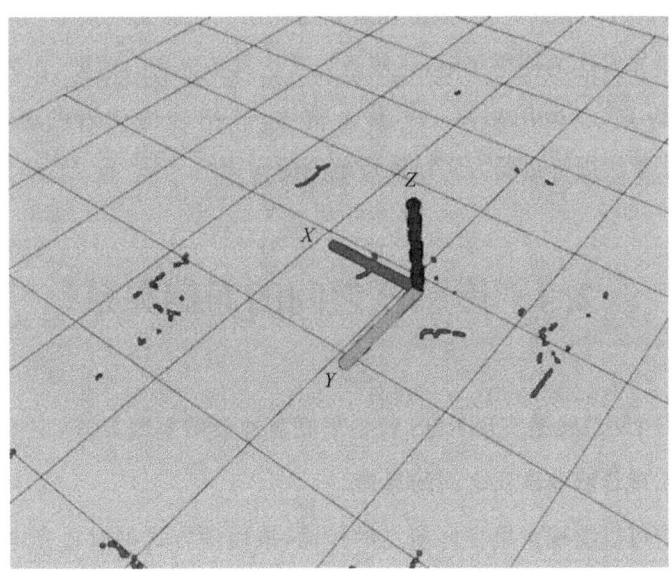

图 2.7　思岚 A1 激光雷达效果图

通过实验结果的对比,我们使用的思岚激光雷达测距设备,具体型号为 A3,可以检测的有效距离为 25 m,而它的精度与扫描范围依次为 $0.54°$ 与 $360°$,在图 2.6 中展示了它的检测效果。思岚 A3 激光雷达(图 2.8)能够智能化调控扫描频率,其

图 2.8　思岚 A3 激光雷达

频率范围为 10～15 Hz。此外,该激光雷达还应用了光磁无线技术。该技术不仅能够显著延长激光雷达的使用年限,还使激光雷达具备更高的精度(在测距精度方面已达到毫米级别)。运用思岚 A3 激光雷达,并结合优化后的基于图优化的 Cartographer 算法进行机器人实验区域地图的构建。

2.4 传感器之间的通信关系

串口和 CAN 总线是实现 ROS 和小车底盘通信的重要方式,主要利用的是串口通信方式实现传感器模块之间的通信。

串口通信可以实现对里程计信息的传输,该通信方式可以将光电编码器的脉冲数据传送到底盘的 STM32 开发板中,同时 STM32 开发板也将数据送达英伟达 Jeston TX2 嵌入式平台,此时对里程计数据的接收便可以通过 ROS 串口实现。在传输过程中,需要借助 ros_STM32_bridge 功能包,其中的功能不仅具有 STM32 库,而且能够实现以 STM32 为基础的 ROS 功能包的控制。该功能包包含具有能够适用于各种驱动机器人的基本控制器,同时能够获取 ROS Twist 消息,可以发布里程计数据到英伟达 Jeston TX2 嵌入式平台。

激光雷达的数据的获取需要激光雷达与 USB 串口线相连并通过串口线传递至英伟达 Jeston TX2 嵌入式平台。第一步需要将有关驱动进行安装;第二步加入相关环境变量;第三步创建雷达节点,进行数据采集。激光雷达能够在 1 s 实现 1.6 万次的测距。除此之外,其扫描频率范围也保持在 10～15 Hz 之间。

2.5 车体仿真模型搭建

下一步需要进行机器人模型的编写,编写出的模型可以在 ROS 的 Gazebo 中进行显示。在 Gazebo 中显示机器人模型和机器人所在环境中的具体位置和其附近的环境。实现机器人模型在 Gazebo 中可视化需要编写 URDF 文件,URDF 的全称为统一机器人格式,是一种特殊的 XML 格式文件。在 ROS 中,URDF 功能包中具有包含一个 C++解析器,通过 URDF 编写、设计的机器人都可以通过该 C++解析器在 Gazebo 中得到一个可视化的模型。

首先需要给该描述文件进行命名,其中的车体主体构架采取圆柱形块状结构作为基础模型,即主体关节—base_link,这里称主体关节为父关节。在基础模型之上,还需要为机器人添加尺寸大小,在编写 XML 文件前,需要将机器人的各种参数设计完成。父关节的底部作为每个环节参考的基础坐标系。机器人的其他关节(如车轮关节、雷达关节),我们称之为子关节。描述父关节与子关节的相对位置关系即可表示关节尺寸大小。在建模过程中,需要使用 joint 语句对 URDF 中的父关节和子关节进行确认。父关节和子关节存在紧绑定关系和可自由移动关系,通过 joint 语句可对父关节和子关节之间的关系进行修改。

完成对车架主体以及轮子描述文件的确认之后,开始使用 check URDF 对描述文件中出现的语法错误进行检查,检查无误后可以获得一个仿真模拟车体图。移动机器人仿真功能实现图如图 2.9 所示。

图 2.9 移动机器人仿真功能实现图

本章小结

本章对 ROS 进行了介绍，ROS 的开发涉及多个方面技术，包括硬件选择和集成、软件架构设计、传感器数据处理和感知、自主导航和路径规划、交互和决策系统、软件测试和调试、安全性和可靠性考虑以及部署和维护。本章对于机器人硬件平台的主控制系统和底盘主控制器进行了介绍；同时介绍了传感器中的光电编码器和激光雷达。光电编码器可以对系统内部值进行测量，属于本体感受式传感器，在导航与定位系统中光电编码器所得到的位置估计具有最佳性。对于室内移动机器人来说，激光雷达传感器具有稳定的环境感知能力，而且利用激光 SLAM 算法可以进行室内环境的二维栅格地图的构建。此外，本章还介绍了传感器之间的通信关系和车体仿真模型的搭建。

第 3 章
室内移动机器人运动模型建立及误差标定方法

3.1 引 言

机器人的定位技术分为绝对定位、相对定位和组合定位三种。相对定位又称为航迹推算,主要依靠光电编码器、陀螺仪等机器人内部传感器,给定初始位姿,通过这些内部传感器数据计算出机器人的移动(相对于初始位姿的距离和方向偏差)来实现定位。相对定位包括两种定位方法,即惯性导航和测程法。惯性导航通常使用加速度计、陀螺仪、电磁罗盘等传感器。测程法是最广泛使用的机器人定位方法,通常可以将它分为狭义测程法和广义测程法两种类型。狭义测程法是通过采集电机编码器上的数据,然后采用一定的数学计算方法来获取机器人在坐标系中的当前位置。广义测程法是在狭义测程法的基础上多采用了一些外界的绝对传感器来估算机器人位置。在测程法定位中,数据来源于编码器的正交脉冲信号,其计算基于将车轮旋转角速度转化为相对地面的线性位移这一前提,因而具有一定的局限性,会受到不同因素的影响而产生误差。

3.2 坐标系变换模型

在移动机器人运动过程中,经常使用坐标系变换来对机器人的运动进行描述,按照机器人不同部件在空间中的相对位置关系,就能获取不同部件下的坐标系对应的变换关系模型。在机器人移动建图过程中,机器人位姿和通过传感器获得的地图信息决定系统的状态。在机器人学中,机器人每一个关节连杆均可视为刚体,通常关心的是一组质点的共同运动,故可以将机器人的运动视作刚体运动,并将机器人的运动分解为平移和转动。若某个时间节点 t,机器人借助于传感器获取特征点 m 的信息,此时获取传感器坐标系 $x_s y_s z_s$ 获取的 m 位姿,需要将特征点 m 位姿下的坐标系转换到世界坐标系 $x_o y_o z_o$ 下。

假设世界坐标系线性空间的基向量是 $[e_1, e_2, e_3]$,传感器坐标系线性空间的基向量是 $[e_1', e_2', e_3']$,特征点 m 在世界坐标系下的坐标为 $[a_1, a_2, a_3]^T$,传感器坐标系下的坐标为 $[a_1', a_2', a_3']^T$,根据坐标的定义可以得到:

$$[e_1, e_2, e_3] \begin{bmatrix} a_1 \\ a_2 \\ a_3 \end{bmatrix} = [e_1', e_2', e_3'] \begin{bmatrix} a_1' \\ a_2' \\ a_3' \end{bmatrix} \tag{3-1}$$

将左边的 $[e_1, e_2, e_3]$ 移动等式右边有:

$$\begin{bmatrix} a_1 \\ a_2 \\ a_3 \end{bmatrix} = \begin{bmatrix} e_1^T e_1' & e_1^T e_2' & e_1^T e_3' \\ e_2^T e_1' & e_2^T e_2' & e_2^T e_3' \\ e_3^T e_1' & e_3^T e_2' & e_3^T e_3' \end{bmatrix} \begin{bmatrix} a_1' \\ a_2' \\ a_3' \end{bmatrix} = R a' \tag{3-2}$$

此处旋转矩阵为 R,属于正交阵,于是可得:

$$a' = R^{-1} a = R^T a \tag{3-3}$$

在欧氏变换中,除 R 外,还需要引入平移量 T 才能得到完整的变换关系:

$$a' = Ra + T \tag{3-4}$$

3.3 速度运动模型

在图 3.1 中,展示了自行搭建的移动机器人所用的两轮差分式底盘,机器人左轮和右轮同时围绕平面上一点 C 进行圆弧运动。由于两轮绕同一点进行转动,则两轮角速度相同。此时对应的两个邻近时间节点的位置关系,θ_1 为机器人转动的角度,点 C 的坐标为 $(x_c, y_c)^T$,图 3.1 是两轮差分式底盘做圆弧运动时两个相邻时间节点的位置关系。

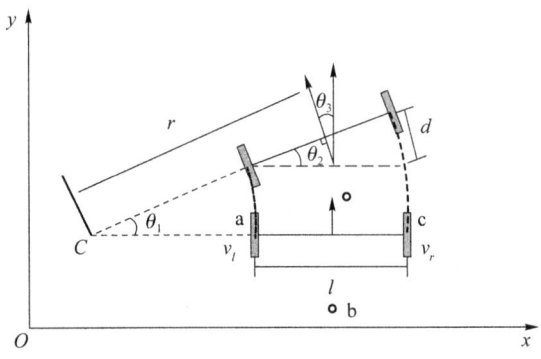

图 3.1 两轮差分式底盘运动示意图

在图 3.1 中，速度分量分别为 v_l 和 v_r，左驱动轮为 a 轮和右驱动轮为 c 轮。b 轮为起平衡作用的万向轮。a 轮、b 轮的间距为 l，机器人的圆弧运动半径为 r。若将机器人视作质点，那么在 Δt 时间间隔内，其在平面上的运动轨迹就能视作间断性直线与圆弧，其中质心线速度与角速度依次为 v 和 ω。对于角速度 $\dot{\theta}$ 而言，其恒定值为 θ_3 表征的是邻近时间节点的航向角增量。r 和 v 以及 ω 的关系如下：

$$r = \left| \frac{v}{\omega} \right| \tag{3-5}$$

$$v = \omega r \tag{3-6}$$

机器人的初始位姿为 $x_{t-1} = [x, y, \theta]^T$，点 C 的坐标为：

$$\begin{cases} x_c = x - \dfrac{v}{\omega}\sin\theta \\ y_c = y + \dfrac{v}{\omega}\cos\theta \end{cases} \tag{3-7}$$

经过了 Δt 时间后，机器人的理想位姿为 $x_t = [x', y', \theta']^T$，结合式(3-7)有：

$$\begin{bmatrix} x' \\ y' \\ \theta' \end{bmatrix} = \begin{bmatrix} x_c + \dfrac{v}{\omega}\sin(\theta + \omega\Delta t) \\ y_c - \dfrac{v}{\omega}\cos(\theta + \omega\Delta t) \\ \theta + \omega\Delta t \end{bmatrix} = \begin{bmatrix} x \\ y \\ \theta \end{bmatrix} + \begin{bmatrix} -\dfrac{v}{\omega}\sin\theta + \dfrac{v}{\omega}\sin(\theta + \omega\Delta t) \\ \dfrac{v}{\omega}\cos\theta - \dfrac{v}{\omega}\cos(\theta + \omega\Delta t) \\ \omega\Delta t \end{bmatrix} \tag{3-8}$$

机器人速度模型提出机器人的运动可以分解成旋转速度与平移速度，其位姿与运动控制依次为 x_t、u_t。在此模型中，u_t 可以借助两种速度来表示，具体为

$$u_t = \begin{bmatrix} v \\ \omega \end{bmatrix} \quad (3\text{-}9)$$

在真实场景下,机器人运动速度与给定的运动速度常常存在着出入,在融入噪声之后,就能将其控制为

$$\hat{u}_t = \begin{bmatrix} \hat{v}_t \\ \hat{w}_t \end{bmatrix} = \begin{bmatrix} v_t \\ w_t \end{bmatrix} + \begin{bmatrix} \varepsilon_{a_1 v^2 + a_2 \omega^2} \\ \varepsilon_{a_3 v^2 + a_4 \omega^2} \end{bmatrix} \quad (3\text{-}10)$$

在式(3-10)中,ε_b 表示一个均值为 0、方差为 b 的误差向量,该误差向量呈现出正态分布。机器人在抵达最终位姿时存在着一个旋转 $\hat{\gamma}$。$\hat{\gamma}$ 的目的就是要规避圆形轨迹设定可能带来的退化问题。于是可得:

$$\theta' = \theta + \hat{\omega}\Delta t + \hat{\overset{\rightharpoonup}{p}}\Delta t, \quad \hat{\gamma} = \varepsilon_{a_5 v^2 + a_6 v^2} \quad (3\text{-}11)$$

由于要对诸多噪声影响进行考虑,于是可以获取这些机器人实际位姿。机器人运动速度模型:

$$\begin{bmatrix} x' \\ y' \\ \theta' \end{bmatrix} = \begin{bmatrix} x \\ y \\ \theta \end{bmatrix} + \begin{bmatrix} -\dfrac{\hat{v}}{\hat{\omega}}\sin\theta + \dfrac{\hat{v}}{\hat{\omega}}\sin(\theta + \hat{\omega}\Delta t) \\ \dfrac{\hat{v}}{\hat{\omega}}\cos\theta - \dfrac{\hat{v}}{\hat{\omega}}\cos(\theta + \hat{\omega}\Delta t) \\ \hat{\omega}\Delta t + \hat{\gamma}\Delta t \end{bmatrix} \quad (3\text{-}12)$$

基于机器人运动速度模型,可以通过给定的 $x_{t-1} = [x', y', \theta']^\mathrm{T}$,$x_t = [x', y', \theta']^\mathrm{T}$,$u_t = [v, \omega]^\mathrm{T}$,得出:

$$p(x_t | u_t, x_{t-1}) = \varepsilon_{a_1 v^2 + a_2 v^2}(v_e)\varepsilon_{a_3 v^2 + a_4 v^2}(\omega_e)\varepsilon_{a_5 v^2 + a_6 v^2}(\gamma_e) \quad (3\text{-}13)$$

其中,ω_e, v_e, γ_e 依次为旋转速度、平移速度以及最后旋转角度误差。假设这三项误差彼此独立,此时所计算的概率就是相应误差分布乘积。

3.4 激光雷达观测模型

3.4.1 三角测距法

如图 3.2 所示,激光发射器、摄像头光心轴依次为 O_1 和 O_2,前者所给出的激

光使用虚线表示,三个发射点使用 A,B,C 表示,获取反射光斑的相机模型使用三角形表示,三个发射点最终成像为 A',B',C',因为激光发射器与相机安装位置已确定,所以光心轴与激光线角度也确定。同时,O_1,O_2 两个线段长度和 $\angle O_1 O_2 A$ 已知,于是就能将其转换为角边角问题,若这三个参量已知,那么三角形就有了唯一解,这样 O_1 长度就能通过计算得出,当然也能得到其他几个点的距离,这就是三角测距法原理,它可以对半径 6 m 内全方位的环境信息加以动态收集。

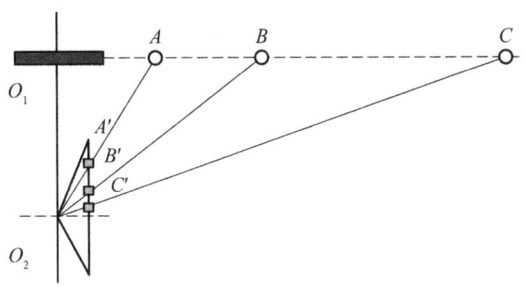

图 3.2　三角测距法原理图

3.4.2　TOF 测距法

激光雷达的测量距离较远,而且光源的要求也并不苛刻,因此在机器人等领域得到广泛应用,它的主要构成包括:激光发射单元以及接收通道、时间鉴别单元、旋转机构、间隔测量单元、信号处理单元等。

以测量光为基础的测距原理如图 3.3 所示,其中激光发射的激光脉冲通过分光器之后会细分成两路光束。一路光束进入激光雷达接收装置;另一路光束通过反射镜后作用于障碍物表面。而且激光发射与发射激光的频率本身具有一致性,为此只需要对发射与反射脉冲的时间段进行记录,并将光速与时间加以乘积运算,就能得到被测障碍物与测定对象的间距。

在本章的研究中,基于三角测距法原理,利用摄像头光斑成像位置来对三角形进行计算,从而实现精准测距,这样就能很好获取周围环境距离信息,同时还能得到环境高精度轮廓信息。

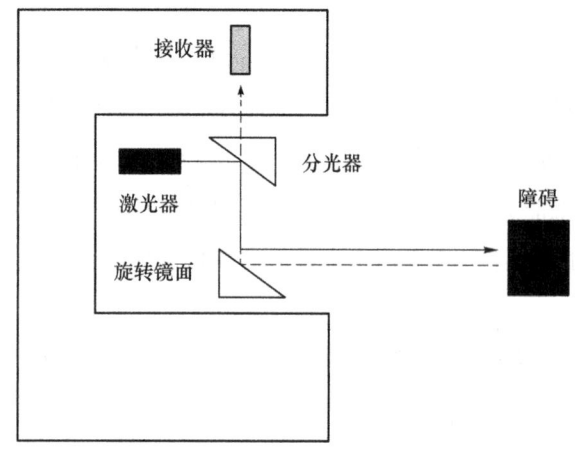

图 3.3　TOF 激光雷达测距原理图

3.5　里程计模型及误差标定

对机器人位姿后验概率的计算,主要可以通过机器人运动速度模型来实现。除此之外,机器人运动控制还能借助里程计的测量来实现,由此得出里程计模型。而且在实际过程中,也常用机器人所携带的里程计对机器人的相对位姿进行推算。

通过光电转换将移动机器人运动位移转换成脉冲进行计算,计算每秒光电编码器输出的脉冲数量得出当前移动机器人的电机转速,可以借助图 3.4 来将速度指令由软件传递至硬件。

在 ROS 中,机器人在建立环境地图时,需要融合里程计信息。Cartographer 算法和其他不需里程计的 SLAM 算法有着显著差异。如 hector-mapping 算法只需要借助激光雷达即可完成建图。这和它主要借助于激光点云匹配法来建图有关,因为缺乏里程信息,扫描获取的环境特征若是与存储的地图信息相似,那么系统就会对原地图信息进行刷新,导致地图产生重叠与偏移,进而效果失真。而融合里程计的 Cartographer 建图模式,在遭遇上述情形时,可以借助于里程计信息进行验证,若不是前一个时间节点的位置,那么就会创建新地图信息,通过这种方法,建图精度更高。创建里程计模块的实现机制为:对伺服电机编码器所传递的速度信

| 第 3 章 | 室内移动机器人运动模型建立及误差标定方法

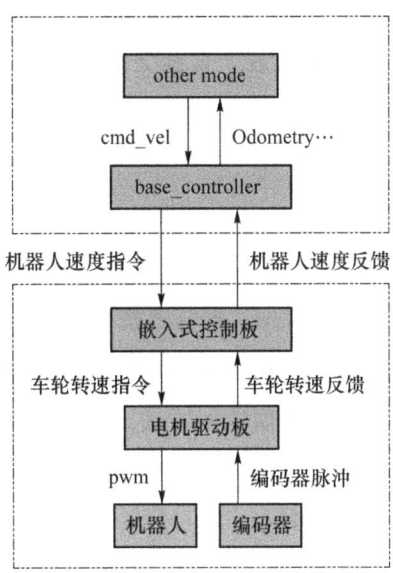

图 3.4 速度指令软硬件传递图

息进行接收,并结合车轮半径就能实现位移大小的计算。接着利用两轮速度信息,就能在上位机程序中得出转角位姿,由此获取里程计模型,并通过 ROS 在机器人系统中进行信息交互。本次选用的伺服驱动器为 AMC 系列,所需用的 AMC Tiger 驱动器如图 3.5 所示。该驱动器的传动性能较高,而且具有响应速度快、稳定性好、控制精度高等特点。

图 3.5 AMC Tiger 驱动器

由于激光点数据不是瞬时获得的,激光测量时伴随着机器人的运动。当激光帧率较低时,机器人的运动不能忽略。伴随着机器人的运动,激光雷达会产生畸变,常见的激光雷达去畸变方法有 ICP、VICP、里程计辅助方法等。由于 ICP 方法没有考虑激光雷达的运动畸变。

VICP 是 ICP 算法的变种,考虑了机器人的运动,进行匹配的同时估计机器人的速度。但当激光帧率较低且不满足匀速运动时,它并不拥有良好的去畸变效果,且数据预处理和状态估计过程耦合。传感器辅助方法具有极高的位姿更新频率(200 Hz)、可以比较准确地反应运动情况、较高精度的局部位姿估计、跟状态估计完全解耦等优点,目前多采用传感器辅助方法。轮式里程计可以对机器人的位移与角度进行直接测量,它有着较高的局部角度测量精度,而且该局部位置对应的测量精度更新速度较高(100~200 Hz)。

在求解当前帧激光数据中,不同激光点所对应的机器人位姿,也就是对 $t_s, t_s + \Delta t, \cdots, t_e$ 这些时间节点下的机器人位姿信息进行求解,根据求解的位姿就能将激光点转换至同一个坐标系之下,转换后对其进行重新封装成一帧激光数据,并将其进行发布。

在里程计队列中,假设第 i 个和第 j 个数据的时刻分别为 t_s, t_e,则:

$$p_s = \text{OdomList}[i] \tag{3-14}$$

$$p_e = \text{OdomList}[j] \tag{3-15}$$

在 t_s 时刻没有对应的里程计位姿,则进行线性插值,设在 l, k 时刻有位姿,且 $l < s < k$,则:

$$p_l = \text{OdomList}[l] \tag{3-16}$$

$$p_k = \text{OdomList}[k] \tag{3-17}$$

$$p_m = \text{LinarInterp}\left[p_l, p_k, \frac{m-l}{k-l}\right] \tag{3-18}$$

已知 p_s, p_e, p_m,可以插值一条二次曲线:

$$P_t = At^2 + Bt + C \tag{3-19}$$

分段线性函数对二次曲线进行近似,当分段数大于 3 时,近似误差可以忽略不计。

在 t_s 和 t_e 时间段内,一共取 k 个位姿 $p_s, p_{s+1}, \cdots, p_{s+k-2}, p_e$ 位姿通过线性插值获取,在这 k 个位姿之间,进行线性插值:

设 p_s 和 p_{s+1} 之间有 N 个位姿 $p_s, p_{s1}, \cdots, p_{s(n-2)}, p_{s+1}$，则：

$$p_{si} = \text{LinarInterp}\left[p_l, p_k, \frac{si-s}{\Delta t}\right] \quad (3-20)$$

一帧激光数据有 n 个激光点，每个激光点对应的位姿为 $p_1, p_2, \cdots, p_n$ 可通过上述介绍的方法插值得到，x 为转化前的坐标，x' 为转换后的坐标，于是：

$$x'_i = p_i^T x_i \quad (3-21)$$

$$p_{si} = \text{LinarInterp}\left[p_l, p_k, \frac{si-s}{\Delta t}\right] \quad (3-22)$$

在成功转换后，将转换之后的坐标转换成激光数据，并将其发布出去：

$$\begin{aligned} x'_i &= (p_x, p_y) \\ \text{range} &= \sqrt{p_x \cdot p_x + p_y \cdot p_y} \\ \text{angle} &= \text{atan}\,2(p_y, p_x) \end{aligned} \quad (3-23)$$

3.6 激光雷达校准标定实验

每一个激光雷达在出厂后都会标定一个 x, y, z 方向，但是无法保证激光雷达的安装位置在机器人车体的中心，也无法保证激光雷达的 x, y, z 方向与车体的 x, y, z 方向保持一致，所以在进行室内建图实验之前，需要对激光雷达进行校准。在 ROS 机器人操作系统中，使用 TF 变换对激光雷达和机器人进行坐标转换对应。首先，要找出激光雷达与机器人车体 base_link 所对应的转换节点语句，具体为

<node pkg="tf" type="static_transform_publisher" name "base_link_to_laser"args="0.0 0.0 0.2 0.0 3.1415926 0.0/base_link/laser 40" />

此处需要关注的是 args = "0.0 0.0 0.2 0.0 3.1415926 0.0"，在这组数据中，前三个数据对应的是激光雷达在车体上所对应的具体位置；第四个数据和第五个数据，即该机器人在此移动平台上的中心线与左右、上下两个方向上的偏移角度，3.1415926 代表正 180°。

最后，通过这一条转换节点语句可使激光雷达安装在机器人中的任何一个位

置,并且保证激光雷达扫描到数据的坐标转换后与机器人中心保持一致。本章利用 ROS 下的 Rviz 可视化软件平台作为辅助,通过配置好的 laser 和 base_link 之间的 TF 变换使得两者之间的 x,y,z 保持一致,具体如图 3.6 所示,机器人的正前方为 X 轴。

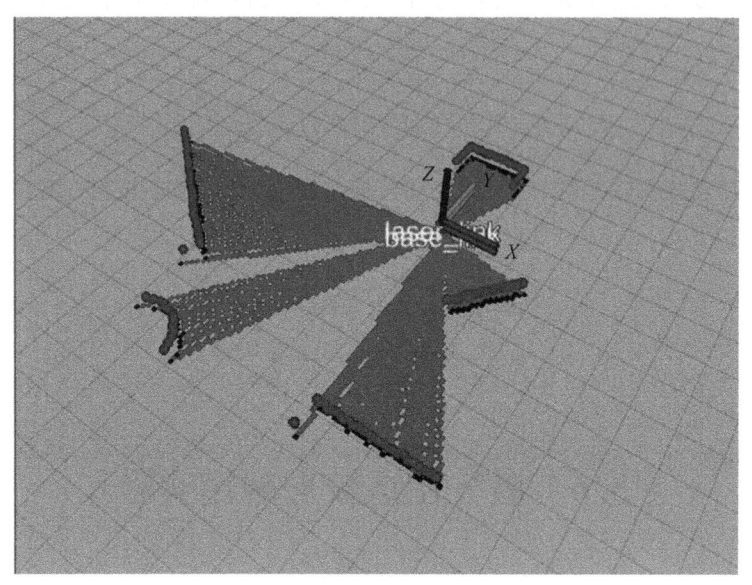

图 3.6 激光雷达校准标定实验图

3.7 TF 标定转换实验

在 ROS 机器人系统里,往往存在着多个坐标系系统,这些坐标系系统有着约定俗成的命名规范,便于机器人开发人员更好地理解代码,常用的坐标系有 base_link、map、odom 等坐标系。其中,base_link 机器人本体坐标系也是机器人的基座坐标系,base_link 坐标系为 base_link 原点在地面上的投影;map 地图坐标系设置为固定坐标系,与机器人所在的世界坐标系一致;odom 坐标系是固定世界坐标系,但是 odom 坐标系会随时间的推移而漂移,与 map 坐标系不同。这种漂移使 odom 坐标系无法用作长期的全局参考。但是可以确保机器人的位姿在 odom

坐标系中是连续的,即 odom 坐标系中的机器人的位姿始终以连续且平稳的方式变化,而不会出现离散的跳跃,与 map 坐标系不同的是在 map 坐标系下,不应存在漂移,但是机器人在 map 坐标系下面的位姿可能会有离散的变化,因为机器人在 map 坐标系下面的位姿可能因为回环检测而有较大幅度的修改。通常定位模块会根据传感器的观测值不断地重新计算 map 坐标系中的机器人姿态,从而消除漂移,但是此时可能会引起离散的跳跃。里程计坐标系下的机器人位姿可以作为一个短期的参考,但漂移的存在使其不能作为全局的参考。base_link 坐标系是激光坐标系,以 base_link 作为母坐标系,是激光相对于底座中心的坐标系,其与 base_link 之间的转换关系是固定的。

本章在 ROS Gazebo 环境下搭建车体仿真模型,并且配置 TF 转换后,使得 base_link、base_laser、map、odom 坐标之间有了准确的对应关系,在 Rviz 可视化平台中,如图 3.7 所示,当使用键盘控制小车行走时,对应的 TF 之间的转换关系如图 3.8 所示。

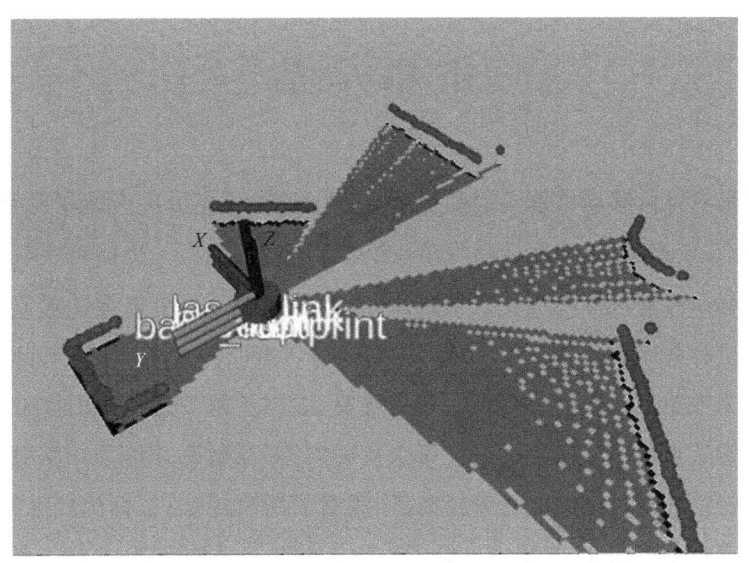

图 3.7　TF 转换实验图

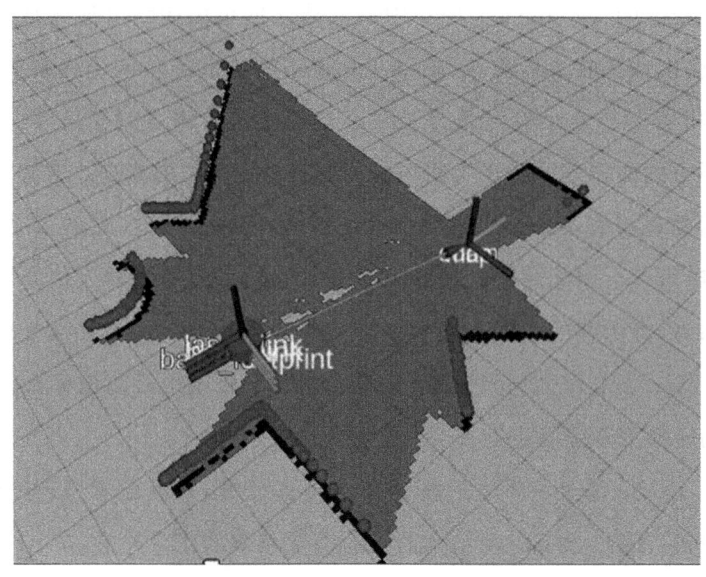

图 3.8　建图标定实验中 TF 转换图

本 章 小 结

本章针对室内移动机器人运动模型建立及误差标定方法介绍了三种模型,分别为:坐标系变换模型、速度运动模型、激光雷达观测模型。坐标系变换模型是指在不同坐标系之间进行转换的数学模型,坐标系变换模型可以帮助我们在不同坐标系之间进行数据转换和计算。速度运动模型认为可以通过一个旋转速度和一个平移速度来控制机器人,差分驱动、阿克曼驱动、同步驱动通常使用该方案进行控制。激光雷达观测模型还可以记录每个点的时刻、反射率等信息。反射率可以用于提取标记物等。目标的反射率越高,则测量的距离越远;目标的反射率越低,则测量的距离越近。此外,本章也介绍了里程计模型及误差标定,并做了激光雷达校准标定实验和 TF 标定转换实验。

第 4 章
基于改进 Cartographer 算法的激光 SLAM

4.1 引　　言

　　移动机器人是集计算机技术、传感器技术、信息处理、电子工程、自动化以及人工智能于一体的复杂系统。随着社会的高速发展和科学技术的不断进步,低端产业向着高端技术产业的不断升级,移动机器人领域也有了更为广阔的发展。定位与地图构建技术和自主导航技术是目前机器人领域研究的热点。当机器人在室内环境中或在信号屏蔽的环境中工作时,无法通过全球定位系统(GPS)获得绝对位置信息,且环境知识很不完善,此时 SLAM 技术可以很好地解决这个难题。当外界信息构建完成后,机器人便可以根据环境地图进行自主导航,通过路径规划技术规划出一条合理的路线,到达指定目标点并完成任务。但发现在使用 cartographer 算法构建地图时,会有一点卡顿的情况,这是由于 cartographer 算法为了好的结果添加了太多冗余的优化约束,相对传统的 SLAM 算法较为复杂,占用了很大的计算资源。因此,需要一种既能解决占用计算资源大的问题,又能提高地图精度的机器人控制方法。

4.2　激光 SLAM 技术的原理及分类

　　移动机器人 SLAM,即机器人处于未知环境内,依靠自身所配置的传感器,通过感知得到附近环境的有关信息,经科学分析与处理,一方面建立附近环境地图,另一方面可以判断自身所对应的位置。对于移动机器人而言,这不但是迈入智能化领域不可忽视的内容,而且是其自主导航实现必不可少的前提条件。因此,SLAM 技术受到人们的广泛关注与重视。随着时间的不断推移,其整体发展也越来越成熟。在描述移动机器人 SLAM 问题时,科研人员通过深入研究与探讨,提出了一系列有效方案,概率法就属于其中之一。相对而言非常有效,在实践应用过程中,它既能兼顾附近环境与噪声的不确定性,又会注重系统的复杂性。结合此类问题来看,激光 SLAM 作为更成熟的一类 SLAM 算法,主要依靠自身所配置的传感器得到里程计、激光测距仪两部分信息,依托前者推测环境内机器人的位置,依托后者实现位置更新,不仅如此,还会同步构建增量式地图。

根据发展历程可知,室内建图算法长期吸引着研究领域的大量目光与关注,并纷纷为此开展一系列研究工作,进而取得了丰富成果,经归纳整理主要包括三种,即 Gmapping 算法、Hector SLAM 算法、Cartographer 算法。下面分别给予详细说明。

Gmapping 算法是基于粒子滤波的算法,非常适合构建室内小场景地图,且精度较高。不过随着场景增大,所需的粒子增加,因此在构建大场景地图时所需计算量和内存都会明显增加。无回环检测,在回环闭合时可能会造成地图错位,虽然增加粒子数目可以使地图闭合但是会以增加计算量和内存为代价。相比,Hector SLAM 算法对激光雷达频率要求低、鲁棒性高,但有着严重依赖里程计的缺点,无法应用于无人机及地面不平坦的区域。

Hector SLAM 算法是基于优化的算法,通过 Gauss-Newton 法处理 scan-matching 问题。在实践应用阶段,Hector SLAM 算法给传感器提出了严格标准,必须保证雷达更新频率超过 40 Hz。与此同时,只有机器人处于低速状态下,才能实现更良好的建图效果。Hector SLAM 算法既有一些优点,也有不足之处,优点在于无须加入里程计,依靠所得地图优化激光束点,就能推测地图内该点描述与占据网格概率。再者,Hector SLAM 算法可以借助最小平方法匹配扫描点,同时围绕高精度激光雷达信息出发,经分析处理,确保激光点与所得地图对齐。虽然具备上述优点,但不可忽视其不足之处,最明显之处表现为:如果地图存在问题,难以实现有效修正,从而影响匹配过程,导致误差程度非常严重。

Cartographer 算法作为 Google 公司 2016 年所发布的开源算法,该算法一发布就引起人们的高度重视。Cartographer 算法属于 Google 实时室内建图项目,主要把激光雷达配置于机器人上,如此一来,能够创建出 2D 网格地图(分辨率 5cm)。针对所得各帧 laser scan 数据,通过 scan match 由最优估测处插于子图(submap)内,scan matching 算法仅与此刻 submap 关系密切。当顺利创建 1 个 submap 时,可以开始 1 次局部回环检测。当全部 submap 创建时,通过分支定位以及提前求解所得网格,需要开始 1 次全局回环检测。Cartographer 算法的优点在于 submap 选取与闭环检测之加速策略。凭借这两个方面优点,它展现出非常好的应用效果,值得研究与重视。

Cartographer 算法主要有以下两个优点。其一,可以借助 2 分级图结构,把地图划分成一系列子图,各自都被描述成占用格结构,新 Scan 仅由子图处理,这种情况下,可促使速度、时间均符合预期要求。不仅如此,当检测出回环后,需要面向全图(含各个子图姿势)完成优化运算,如此一来,可避免 Scan、子图匹配阶段造成累计误差。结合实际情况来看,因为基本单位选择子图来处理,所以优化运算能够更快完成,防止占用人们过多时间与精力,不但能全面提高处理效率,而且能得到有效结果。

其二,回环有关性能增强。相较早期按照先后顺序依次检测回环、计算相对位姿,它在结构方面较统一。在实践应用阶段,把回环构建直接转变成查询过程,处理难度也会随之降低。除此之外,在离散候选解空间树形建立前提下,由树内可以高效、准确发现所需解,依靠对子图的 precompute 可以判定建树阶段节点 Bound,凭借此中间结构合理应用(代价 O(n)),确保回环过程能够动态实现,利用回环连续调节子图,最终克服累计误差,促使结果更加准确、有效。

但 Cartographer 建图算法的缺点是,代码严重占用 CPU 内存,导致在使用 Intel i5 或 Intel i7 两种处理器的情况下,数据或许有着不同的闭环表现。如果不能有效闭环,会给实践应用带来阻碍。因此,在关注其优点的同时必须充分考虑其不足之处,综合各方面因素深入分析与探讨,使之得到优化改进,推动其发展得更加完善,借此发挥更好的实践作用,现实意义重大。不同 SLAM 算法的优、缺点对比如图 4.1 所示。

算法	优点	缺点
Gmapping	融合里程计和雷达数据，定位精度高，解决了粒子退化问题	需要大量粒子才能获得较好的地图，计算量复杂，适用于小场景
Hector SLAM	鲁棒性好，对传感器要求低	运行速度高时，地图精度不高
Karto SLAM	大环境建图精度高	场景越复杂，内存需求和计算量越大
Core SLAM	将算法简化距离计算与地图更新	依赖之前对迭代计算
Lago SLAM	线性近似图优化，不需要初始假设	相对位置和方向都是独立的

图 4.1 不同 SLAM 算法的优、缺点对比

4.3 栅格地图的定义

1968 年，Howden W E 通过深入研究与探索，最早建立了栅格法地图。因为建图效果直观清楚，所以被移动机器人方面高度重视并沿用至今，展现出非常好的效用。当采用这种方法进行处理时，工作环境会被直接划分为栅格，且各自都包含二值数据。在机器人行驶过程中，栅格大小、栅格尺寸、位置三者始终维持原样，下面围绕三者展开具体说明。按栅格值能够判断所在位置有无障碍，根据这两种情况分别命名为障碍栅格或自由栅格。在栅格大小方面需要按照真实地图、机器人大小与移速进行判断。机器人运动转变成自由栅格间位移，自由空间与障碍均能依靠一组栅格块来描述。结合实际情况来看，目前在栅格描述时，主要选择笛卡尔坐标系、序列号法来完成，二者均存在一些优缺点，经归纳整理介绍如下：对于前者，坐标原点为栅格左上角首个栅格，x、y 正轴方向分别界定成水平朝右、垂直朝下，各栅格间隔关联着该坐标轴上单位长度；对于后者，结合字面意思就能理解，即按顺序对各栅格进行编号，将数组左上角首个栅格视作起点，由左至右、由上至下逐一处理。另外由这种方法来看，四叉树或八叉树也得到了使用，通过合理使用，借此表示栅格工作环境，改进算法解决路径查找需求。这种方法基本单位是栅格

记录环境信息。在栅格尺寸方面,在栅格尺寸较小或较大情况下既有利也有弊。当栅格尺寸较小时,障碍描述会更精确,然而必须占用过多内存,查找区域也会按指数级不断变大;当栅格尺寸较大时,无法保证轨迹精度。故当采用这种方法处理时,栅格尺寸选择必须引起足够的重视,作为最关键环节之一,如果选择不合理,必然会造成许多不必要的问题,甚至会给结果带来严重影响。移动机器人 SLAM 通过这种方法开展任务设计时,核心宗旨在于建立数字地图,同时可借此保存各项信息(如运动路径、障碍物所在等)。因为这种方法对连续路径数据进行离散化处理,所以在地图上与真实路径数据存在相对误差,且其程度受栅格尺寸直接影响。当机器人路径数据得到离散化处理时,路径细分成若干单一运动,并依次记录在各栅格上,各自对应的运动信息反映出此栅格内机器人方向。按应用情况来看,一般采用 8 个方向。在机器人构造栅格地图阶段,必须明确不同栅格内信息,从而把总体环境细分成屏障/无障区。若工作环境地图的长度为 L,宽度为 W,那么能够以 MAP 描述,同时得到 $n×m$ 个单元栅格(长/宽均是 1 的小矩形)对应信息图有效分解。表达式如下:

$$l = \frac{L}{n} = \frac{W}{m} \tag{4-1}$$

grid 为单元格全部信息,i、j 为某个单元格所在,置于 G 内。对于工作空间而言,内部 i、j 最大值依次记作 n、m,可表示如下:

$$G\{(i,j) | i \in N, j \in N, 1 \leqslant i \leqslant n, 1 \leqslant j \leqslant m\} \tag{4-2}$$

$$MAP = \{grid_{ij} | grid_{ij} = 0,1,2,3,(i,j) \in G\} \tag{4-3}$$

其中,$grid_{ij}=0$,$grid_{ij}=1$,$grid_{ij}=2$,$grid_{ij}=3$ 分别指该单元栅格为机器人起始处、无障区、障碍区、机器人目标处。如此一来,工作空间也随之构造结束。栅格地图选择标准位图保存,且粒度是 1 像素意味着 $0.3\ m^2$。如果呈黑色,那么判定对应区域存在障碍,相反判定无障,能够正常通行。

所谓室内建图算法,重点依靠里程计、激光雷达数据反映室内地图,从发展现状来看,一般选择占用式栅格地图来完成,作为当前一种最容易实现的环境描述手段,面向环境通过大量栅格完成细分,借此描述内部有无障碍。不仅如此,建图及后续维护难度较低,地图内数据能够与环境内一区域关联,尤其使用激光雷达效果更加理想,而最突出之处在于地图能够同步更新环境变化信息。环境描述分辨率与栅格尺寸关系密切,如果前者增大,那么后者数量随之增多,计算时间、空间复杂性必然更大,如在大型环境内开展实验,全局地图持续增大,栅格数量随之增多,导致求解环境数据保存方面受到严重影响。从机器人角度来看,占用式及其变种始终占据主流地位,究其原因不难发现,主要由于地图构建难度低,同时能借此获得导航方面的一些关键元素。

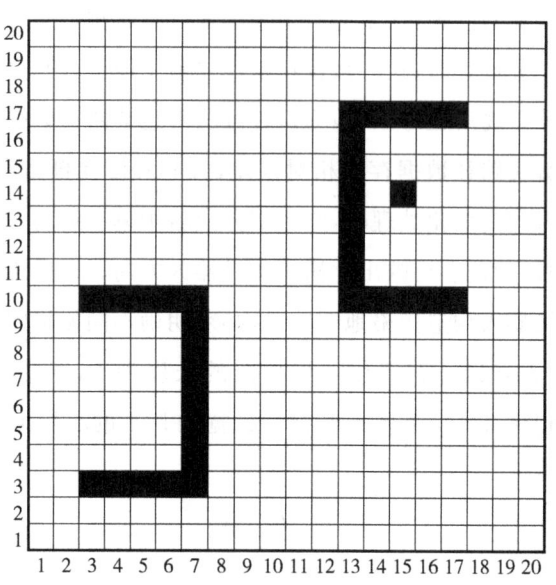

图 4.2 栅格地图

对于这种室内建图算法而言,定律是按照指定信息求得全地图后验概率,具体表达式如下:

$$p(m|z_{1,t}, x_{1,t}) \tag{4-4}$$

其中:m 代表地图;$z_{1,t}$ 代表截至时刻 t 的全部检测值;$x_{1,t}$ 代表机器人位姿所判断路径。这种室内建图算法所关注一类地图内,必须由非间断位置空间引入精细粒度栅格。

一般栅格尺度地图内,从某点来看只对应两种情况,即有障碍或无障碍(分别是 Occupied 或 Free,后面分别描述成 1 与 0,使用 $p(s=1)$,$p(s=0)$ 分别指代地图上某点是 Occupied 或 Free。针对此点状态,本次通过两点之比进行判断,即

$$\text{Map\_}(s) = \frac{p(s=1)}{p(s=0)}$$

针对全新状态值 z,且 $z \sim (0,1)$。故应当更新其状态,具体如下:

|第 4 章| 基于改进 Cartographer 算法的激光 SLAM

$$\mathrm{Map\_}(s|z) = \frac{p(s=1|z)}{p(s=0|z)} \tag{4-5}$$

根据 Bayes 公式,则有:

$$p(s=1|z) = \frac{p(z|s=1)p(s=1)}{p(z)} \tag{4-6}$$

$$p(s=0|z) = \frac{p(z|s=0)p(s=0)}{p(z)} \tag{4-7}$$

把式(4-6)、式(4-7)代入式(4-5),则有:

$$\mathrm{Map\_}(s|z) = \frac{p(z|s=1)}{p(z|s=0)} \mathrm{Map\_}(s) \tag{4-8}$$

由此看来,这种室内建图算法可以用对数占用概率表示,也就是对式(4-8)两边取对数,结果如下:

$$\log_{10}\mathrm{Map\_}(s|z) = \log_{10}\frac{p(z|s=1)}{p(z|s=0)} + \log_{10}\mathrm{Map\_}(s) \tag{4-9}$$

该表示方法优点在于保证 0 与 1 周围数值的稳定,所以当前检测值仅仅是 $\log_{10}\frac{p(z|s=1)}{p(z|s=0)}$。在这种情况下,某点更新时只需利用前一次状态以及当前检测情况就能完成。结合图 4.3 进行说明,-0.8,0.9 分别是指该点处于无/有障碍的概率较大。

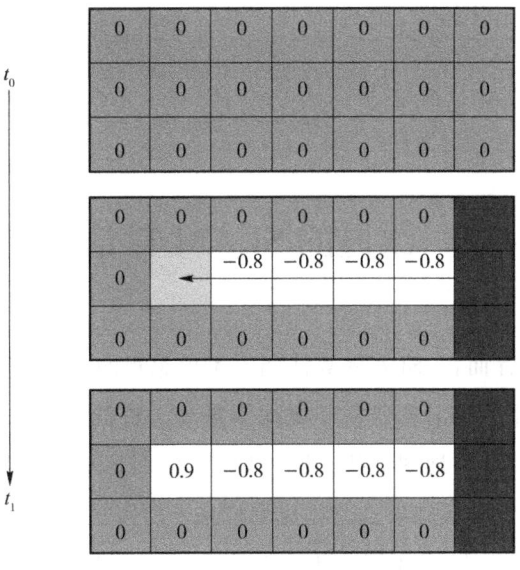

图 4.3 室内建图原理解析

激光雷达仅仅提供局部地图数据,一旦创建完成,便应当进行相应处理,转化成全局地图。在实际转化过程中,必须依靠里程计所提供的数据完成。究其原因不难发现,可借此获得全局位置坐标数据,详情如图 4.4 所示,必须以两者提供的数据完成地图的有效扩展。

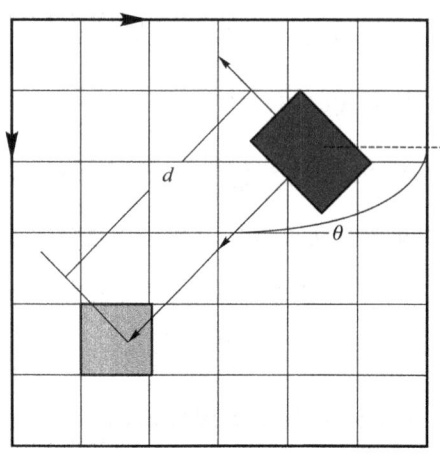

图 4.4 室内激光雷达建图

在具体处理阶段,依靠里程计模型能够明确机器人状态(x,y,θ),α,d 分别是激光雷达相对机器人转角及其测量所得障碍距离。此处仅仅依靠式(4-10)与式(4-11)就能完成上述转化,如下:

$$x_0 = d\cos(\theta+\alpha)+x \tag{4-10}$$

$$y_0 = d\sin(\theta+\alpha)+y \tag{4-11}$$

4.4 改进的 SLAM 算法设计

对于本章的设计而言,SLAM 算法属于不可忽视的关键环节,借此满足在未知环境内,机器人利用所得信息建立环境地图需求。机器人自主导航需要具备两个基本前提,即精确位姿与地图创建。不难理解,在 SLAM 算法提出后,为机器人开展自身与附近环境空间认知以及路径规划带来了所需理论依据。本章着重阐述基于图优化的 SLAM 算法、基于图优化框架的 Cartographer SLAM 算法相关理论与推导模型。

|第 4 章| 基于改进 Cartographer 算法的激光 SLAM

基于图优化的 SLAM 算法相较基于卡漫滤波算法,有着明显的差异。针对机器人当前、之前时刻的位姿,它会分别进行修正(使之更加精确)与优化(利用回环检测等方式完成)。该算法的核心思路在于依靠存储内各传感器检测数据及彼此间空间的约束关系,借助不同位姿间约束关系,面向机器人运动路径与地图完成有效估测。采用该算法进行处理,图例节点及彼此间边分别是指机器人位姿及彼此间空间的约束关系,由此绘制位姿图。在顺利描绘前提下,应当完成位姿序列的有效设置,保证最大程度地符合边所反映的约束关系,所得结果就是机器人运动路径与地图。和以上流程相关联,该算法大致分为两个关键环节,即前端/后端,框架详情如图 4.5 所示。前端核心在于数据关联与闭环检测。前者重点用于分析局部信息关联,进而满足连续数据帧间匹配与对应姿态估测需求;后者重点用于分析全局信息关联,按照传感器提供信息解决当前和之前位姿间的匹配、相对位姿估计需求。所谓前端,就是依靠以上两个过程构造位姿图,但在传感器观测噪声与扫描匹配误差影响下,构造结果不可避免地存在偏差,故而必须在后端修正,但并非面向观测信息修正,只面向前端所得位姿图来修正,所得位姿 MLE 估计就是最佳位姿序列。

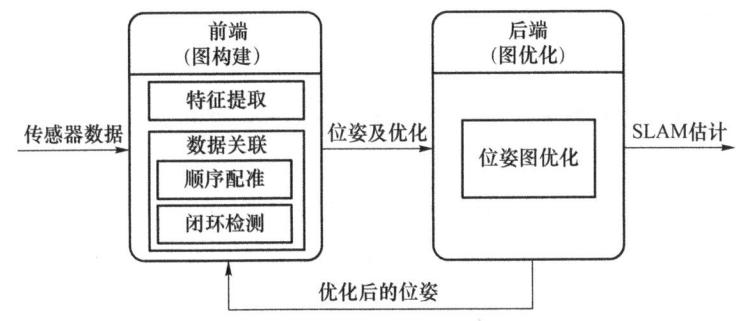

图 4.5 基于图优化的 SLAM 算法框架

当采用该算法处理时,针对机器人位姿序列及彼此间约束关系,能够转变为图 4.6 所示的形式。

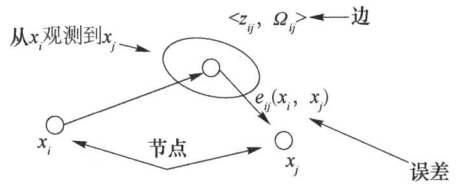

图 4.6 机器人位姿转化为图的表示方法

结合图 4.6 进行说明，$e_{ij}(x)$，$x=(x_i,x_j,\cdots)^T$ 是指机器人多位姿序列，本身属于一个向量，图例上指代点集。x_i 与 x_j 依次为 i、j 节点多相对位姿，也就是各个时刻下关联数据。Ω_{ij} 为 i、j 间信息矩阵。$f_{ij}(x)$ 是测量函数，定义是理想条件下的检测值。$e_{ij}(x)$ 是向量误差函数，也就是检测值与预测值之差。

假定 $e_{ij}(x)$ 满足正态分布，那么目标函数 $F_{ij}(x)$ 为

$$F_{ij}(x) \propto (f_{ij}(x)-z_{ij})^T \Omega_{ij}(f_{ij}(x)-z_{ij}) \tag{4-12}$$

$$F_{ij}(x) \propto e_{ij}(x)^T \Omega_{ij} e_{ij}(x) \tag{4-13}$$

根据式(4-12)、式(4-13)不难发现，仅用发现一个节点 x^*，可以让 $F_{ij}(x)$ 最小，就能求出最优解，如下：

$$F_{ij}(x) = \sum_{\langle i,j\rangle \in C} \underbrace{e_{ij}(x)^T \Omega_{ij} e_{ij}(x)}_{F_{ij}} \tag{4-14}$$

综上所述，基于图优化的 SLAM 算法问题可以转化成计算最优解的过程。对于 Cartographer SLAM 算法而言，直接依靠 Ceres Solve 计算工具解式(4-14)，如此一来，就能借此优化位姿。

4.4.1 Cartographer SLAM 算法原理分析

2016 年，Google 公司基于激光雷达传感器提出了一种 SLAM 算法，即 Cartographer SLAM 算法，其能够利用相应传感器所得信息建立动态栅格地图(分辨率 5 cm)。Cartographer 引入图优化 SLAM 算法框架，换言之，同样包含前端/后端两个方面。前端核心在于 Scan-to-Submap 与回环检测，把已处理的激光雷达信息和子图匹配。在构建一子图且不存在新数据帧插进情况下，那么开始局部回环检测。当正常构建结束时，若发现和当前估计位姿最优匹配，那么需要保存至回环约束内。后端核心在于完成位姿估计优化，通过分支定界以及提前求解所得网格，完成全局闭环检测。

通过 $\xi=(\xi_x,\xi_y,\xi_\theta)$ 指代机器人位姿，x,y 方向平移量分别定义为 ξ_x,ξ_y，二维平面旋转量定义成 ξ_θ。该传感器检测所得信息记为 $H=\{h_k\}_{k=1,\cdots,k}$，$h_k \in \mathbb{R}^2$，且扫描数据帧映射于子图位姿转化记为 T_ξ，能够利用式(4-15)完成映射，即

|第4章| 基于改进 Cartographer 算法的激光 SLAM

$$T_\xi p = \begin{bmatrix} \cos\xi_\theta & -\sin\xi_\theta \\ \sin\xi_\theta & \cos\xi_\theta \end{bmatrix} p + \begin{bmatrix} \xi_x \\ \xi_y \end{bmatrix} \quad (4\text{-}15)$$

相应时段不断扫描所得数据帧可以构建 1 个子图,并选择概率栅格对应地图描述模型。如果栅格插进全新扫描结果,那么需求出其状态,且各个均包含两种,即命中(hk)与丢失(nuss)。hk 栅格,把邻近栅格插至 hk 集合内,把扫描中心及点连接射线上各个有关点加入 nuss 集合内。针对前面未/已观测栅格,前者需要依次设定对应概率值,后者应当采用式(4-16)完成概率更新,即

$$\text{odds}(p) = \frac{p}{1-p} \quad (4\text{-}16)$$

$$M_{\text{new}}(x) = \text{clamp}(\text{odds}^{-1}(\text{odds}(M_{\text{old}}(x)) \cdot \text{odds}(p_{\text{hu}}))) \quad (4\text{-}17)$$

在子图内插激光雷达扫描帧之前,必须利用 Ceres Solver 计算器来处理,面向帧位姿与当前子图完成合理优化,如此一来,就能转变成计算非线性最小二乘问题。即

$$\underset{\xi}{\text{argmin}} \sum_{k=1}^{K} (1 - M_{\text{smooth}}(T_\xi h_\xi))^2 \quad (4\text{-}18)$$

因其扫描帧只和当前子图匹配,而环境地图包含大量子图,所以产生累积误差。Cartographer 算法主要利用 SPA(Sparse Pose Adjustment)方法优化其数据帧与子图位姿,其数据帧插于子图过程中,位姿将缓存于内存,借此实现闭环检测。如果子图始终固定,那么各个扫描帧与子图均负责完成闭环检测。

针对闭环检测与相对位姿计算两个方面的需求,Cartographer 算法引入分支定界扫描匹配算法来提高效率,判断搜索窗口 W,依靠搜索方式建立回环,如下:

$$\xi^* = \underset{\xi \in W}{\text{argmax}} \sum_{k=1}^{K} M_{\text{nearest}}(T_\xi h_k) \quad (4\text{-}19)$$

其中,M_{nearest} 代表前一节 M 函数扩展。由全新栅格附近判断 1 个 W,然后连续调整角度增长值 ξ_θ 与传感器最大测距区间 $d_{\max}$,借此判断点集最大区间。根据商高定理,则有:

$$d_{\max} = \max_{k=1,\cdots,K} \| h_k \| \quad (4\text{-}20)$$

$$\delta_\theta = \arccos\left[1 - \frac{r^2}{2d_{\max}^2}\right] \quad (4\text{-}21)$$

按照 W 大小求出整数倍步进长度,使之可以完全覆盖 W,即

$$w_x = \left[\frac{W_x}{r}\right], w_y = \left[\frac{W_y}{r}\right], w_\theta = \left[\frac{W_\theta}{\delta_\theta}\right] \quad (4\text{-}22)$$

将估计位姿 ξ_0 定义成中心，建立 W 有限集，如下：

$$\overline{W} = \{-w_x, \cdots, w_x\} \times \{-w_y, \cdots, w_y\} \times \{-w_\theta, \cdots, w_\theta\} \quad (4\text{-}23)$$

$$W = \{\xi_0 + (rj_x, rj_y, \delta_\theta j_\theta) : (j_x, j_y, j_\theta) \in \overline{W}\} \quad (4\text{-}24)$$

通过分支定界法能够快速求出 ξ^* 值，然而 W 大小判断效率很低，为解决实际需求，必须完成合理优化，依托分支定界扫描匹配算法，实现深度优先查找。

4.4.2 Cartographer SLAM 算法优化策略

Cartographer 算法通过回环检测优化位姿，借此克服累计误差问题，在机器人行驶阶段，把当前和之前所得特征点或地标实现数据关联，就能建立一个回环，因此，只要出现新的特征点，均能给回环链补充边缘，由此建立新回环。回环问题是数据关联中至关重要的一部分，利用回环检测判断当前位置是否处于机器人已经走过的地方，对已构建的地图进行优化，并利用该约束条件建立拓扑统一轨迹地图，检测本质即为激光数据扫描匹配结果的相似性判断。因为上述机制，特征点匹配随之成为不可忽视的关键一环，如果检测有误，势必造成地图灾难性发散。传统的 Cartographer 回环检测采用帧与子图（scan to map）的方式进行回环检测来消除建图过程中出现的累积误差，虽然帧与子图的匹配方式可以适当地提高匹配效率，但是这种方式容易因为一帧的数据量过少，没有解决单一激光数据匹配时的局限性问题，而导致匹配出错，如图 4.7 所示中的虚线内。

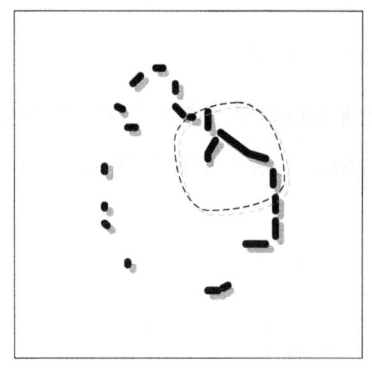 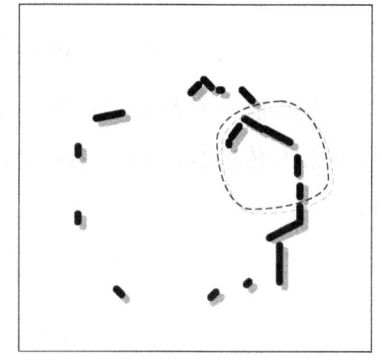

(a) 第一帧激光数据　　　　　　(b) 第二帧激光数据

图 4.7　帧间数据相似图

当数据比较相似的两帧进行匹配时,它们会被认为是一个闭环,从而造成回环匹配错误。因此,本章的研究设计了一种子图与子图(map to map)回环检测方法,能够克服激光数据量过低的问题,该方法将激光雷达当前扫描的 N 帧数据缓存起来,融合形成一个局部子图,再利用该子图与前阶段的子图进行匹配。

当利用 Cartographer SLAM 算法构建地图时,处在距离比较长的走廊和环境地图结构过于类似的位置,极可能造成回环检测有误。为避免产生这种情况,本章的研究提出及应用 Lazy Decision 延时决策策略配合 Branch and Bound 分支定界来保证回环检测的准确率以及加速匹配速率。

4.4.3 map to map 回环检测设计

针对 4.4.2 节回环检测中帧-子图的匹配问题,本节详细介绍本章提出的 map to map 的回环检测策略,首先对激光数据的坐标转换作如下分析。

当以激光雷达为坐标系时,一帧激光雷达扫描到的数据来源于激光雷达自身旋转一圈所得到的距离数值,同激光雷达不同的旋转角度和激光扫描端点之间的测量距离计算自身与附近障碍物间的距离。然而,所得结果是以自身为坐标中心的,需要转化到全局坐标系下。假设激光雷达扫描端点的某一个点坐标以 $s(s_x, s_y)$ 表示,激光雷达在全局坐标系的位姿为 $U=(U_x, U_y, U_e)$,可以通过 U 的转换矩阵 T_U 将 s 转换到全局坐标系中,如下:

$$T_U s = \begin{bmatrix} \cos U_\theta & -\sin U_\theta \\ \sin U_\theta & \cos U_\theta \end{bmatrix} s + \begin{bmatrix} U_x \\ U_y \end{bmatrix} \quad (4\text{-}25)$$

利用最近连续的几帧激光数据构建子地图,用二维栅格地图的形式表示,栅格的大小决定了地图的分辨率,每一个小栅格的状态用 0 和 1 表示该空闲和占据。

通过式(4-25)将激光雷达扫描的数据转换到全局坐标系下,对于每一个栅格的状态如图 4.8 所示,以灰色点为激光雷达的中心,扫描到的障碍物信息即打到障碍物时为黑色的点。空白的栅格表示在激光雷达扫描的范围内没有障碍物。

将最近连续几帧激光雷达扫描到的数据整合成子地图。若子地图 m 由激光数据 l_0 至 l_i 组成,用 N 代表相应帧包含的激光点数目,即 l_0 至 l_i 包含的激光点数为

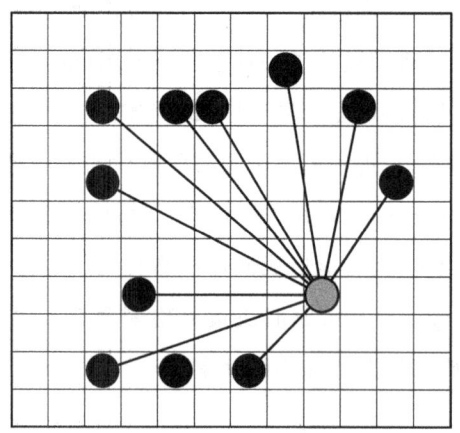

图 4.8 栅格地图示意图

$$N_{l_0 \cdot l_i} = N_{l_0} + N_{l_1} + N_{l_2} + \cdots + N_{l_i} \tag{4-26}$$

由此构建的子地图 m 拥有激光点数为

$$N_m = N_{l_0 \cdot l_i} \tag{4-27}$$

将式(4-26)、式(4-27)经过栅格地图后需要匹配计算的栅格数为 $N_{l_0 \cdot l_i}$ 和 N_m，因为连续帧之间的数据存在较大的冗余，有 $N_{l_0 \cdot l_i} > N_m$，也正是因为如此可以利用构建子图去除连续数据帧之间的冗余数据，使得 map to map 匹配时需要计算的数据要比 scan to map 时需要计算的数据少，提高了匹配效率。也正是因为子地图中含有多帧扫描数据。信息量较大，匹配的范围较广，可以很好地解决因环境布局结构比较相似而引起的错误回环匹配，如图 4.9 所示。

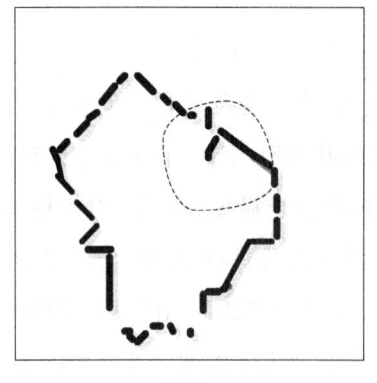

(a) 子地图1

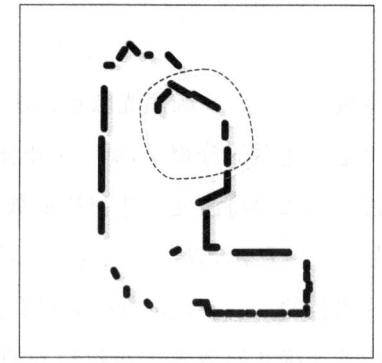

(b) 子地图2

图 4.9 子地图示例图

图 4.9(a)和图 4.9(b)虚线圈部分虽然相似度极高,但其他部分相似度较低。在加入了 map to map 的回环检测后,这使得整体的匹配不会被判断为一个闭环,从而提高了回环匹配的准确率。

4.4.4 Lazy Decision 延时决策设计

即使使用改进后的 map to map 的回环匹配方法进行回环匹配检测,在较长的走廊里和环境特征点极为相似的地方,由于激光雷达检测到的数据信息极为相似,仍然容易出现回环出错。一旦回环出错会对地图的构建产生极为严重的影响。故为了保证回环检测达到一个最高的准确率,设计使用 Lazy Decision 延时决策的处理策略结合 map to map 的回环匹配方法使优化后 Cartographer 算法可以适应不同环境,借此建立准确、有效的地图。

如图 4.10 所示,在机器人从 a 点行驶到 p 点的过程中,当机器人走到 i 点时发现,i 点和 h 点激光雷达扫描到了极为相似的环境信息。在正常情况下会进行闭环优化,即这两点可以通过匹配形成相对的位姿关系,并将 i 点和 h 点连接起来,但是一旦此时回环出错,整个地图就会被一次错误的回环检测破坏。在加入 Lazy Decision 策略后,当检测到一个回环后,不会马上开始回环检测,机器人会接着行进直至形成下个回环检测点 j 点与 g 点时,进行位姿更新优化。当第二次检测到回环点后,假设这两次检测到的点都是正确的,那么两次回环形成的四条边为 T_1、T_2、T_3、T_4,根据图优化 SLAM 理论可知 $T_1 \cdot T_2 \cdot T_3 \cdot T_4 = I$。

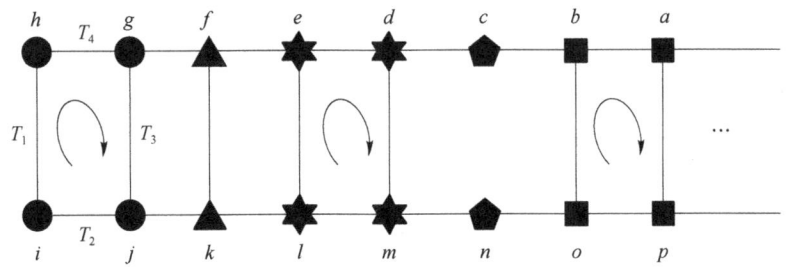

图 4.10 Lazy Decision 延时决策示意图

为了保证回环点的正确率,本章的研究设置一个阈值。在各次测得两回环点情况下,把四个矩阵相乘的二范数和该值进行对比。当范数小于该阈值时,说明这个回环是正确的,然后对该闭环进行更新优化位姿。当范数大于该阈值时,说明 T_1 和 T_2 至少有一个是错误的,因此对两次回环都不进行优化位姿。

在机器人行进阶段,必然会产生多对此类回环,进而能够建立一个一致性校验矩阵 A,因为错误的回环出现的概率较小,不会一直出现。在形成的一致性校验矩阵中可以提取一个最大子集,该子集里面所包含的回环项均为正确的回环,并将其他项排除掉,由此就可以提取到正确的回环项,从而极大地提高了建图过程的稳定性。

4.5 改进 Cartographer 算法实验验证

本节设计两个实验对本章改进后的 cartographer 算法进行验证。在物理结构相似的环境和长距离、等宽度的走廊下,搭建了简单的物理布局并使用遮挡板挡住其两端,依次使用未改进的 Cartographer 算法和改进后的 Cartographer 算法加入 map to map 和 Lazy Decision 策略后的优化算法进行地图构建,如图 4.11 和图 4.12 所示。

由图 4.11(b)可以看出,在物理结构相似的环境下,当使用改进后的算法进行地图构建时,该算法也能够进行正确的回环检测与匹配,从而生成精确的地图。反之,图 4.11(a)使用未改进的算法构建的地图出现了回环检测的错误,导致整个地图与真实环境中的布局不匹配,无法进行下一步导航。

 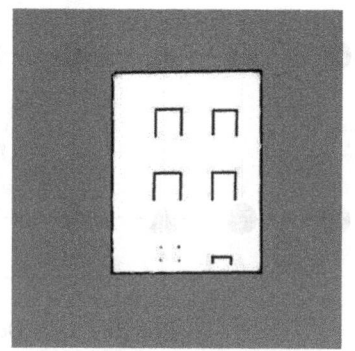

(a) 未改进的算法建构的地图　　　(b) 改进后的算法建构的地图

图 4.11　在物理结构相似的环境下,算法构建地图对比

| 第 4 章 |　基于改进 Cartographer 算法的激光 SLAM

 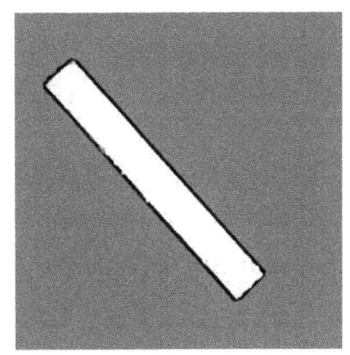

(a) 未改进算法地图构建　　　　　　　(b) 改进后算法地图构建

图 4.12　在长距离、等宽度的走廊下,算法构建地图对比

对图 4.11 的实验结果进行分析,得到原有方法和改进后的方法的平移误差和旋转误差的评估结果见表 4.1。

表 4.1　物理结构相似环境下的误差分析表

	原有方法	改进后的方法
平移误差	1.435	0.427
旋转误差	2.239	0.479

图 4.12 是在长距离、等宽度的走廊下算法构建地图效果对比,其中图 4.12(a)是使用未改进的算法构建的地图,从图中可以看出,在较长的走廊里,由于环境基本相似,构建出来的地图中走廊的长度与实际环境中走廊的长度不符,且建图的宽度与实际环境不符,可以判断是回环检测匹配出现了错误。相反,图 4.12(b)是使用改进后的算法构建的地图,可以看出即使在狭长的走廊里也能构建出精确的地图。

对图 4.12 的实验结果进行分析,得到原有方法和改进后的方法的平移误差和旋转误差的评估结果见表 4.2。

表 4.2　在长距离、等宽度的走廊下,误差分析表

	原有方法	改进后的方法
平移误差	1.435	0.327
旋转误差	0.829	0.279

本 章 小 结

本章主要关于改进 Cartographer 算法的激光 SLAM，首先从原理上介绍了 Cartographer SLAM 算法，其次对 Cartographer SLAM 算法的优化策略进行了阐述。当比较相似的两帧数据进行匹配时，它们会被认为是一个闭环，从而造成回环匹配错误。因此，设计了一种子图与子图（map to map）的回环检测方法，能够克服激光数据量过低的问题。为了保证回环检测达到一个更高的准确率，设计使用 Lazy Decision 延时决策结合 map to map 的回环匹配方法，使优化后 Cartographer 算法可以适应不同环境，借此建立准确、有效的地图。最后对改进算法进行实验验证。

第 5 章
基于机器人平台的 Cartographer 算法实现

5.1 引　　言

同步定位与地图构建(simultaneous localization and mapping,SLAM)产生于机器人领域。它指的是:机器人从未知环境的未知地点出发,在运动过程中,通过重复观测到的各传感器数据定位自身位置,再根据自身位置构建周围环境的增量式地图,从而达到同时定位和地图构建的目的。服务机器人为实现高智能化,在复杂的非结构场景中完成任务,SLAM 技术是必要条件。目前,广泛应用于 SLAM 上的传感器分为摄像头和激光雷达两种,对应视觉 SLAM 和激光 SLAM。在实际使用中,单个传感器难以适应复杂多变的环境要求,需要惯性测量单元以及里程计等传感器辅助,增强环境的适应性。视觉 SLAM 的优点是具有语义信息、成本低,但易受光照影响,计算量较大。激光 SLAM 具有可靠性高、精度高、地图可用于路径规划等优点,是目前最主流的定位导航方法。

5.2 实验平台介绍

5.2.1 机器人平台介绍

本章在搭建的移动机器人平台上面进行实验操作,实验机器人如图 5.1 所示,该机器人是基于 ROS 的机器人操作系统下进行程序开发并且对改进的 Cartographer 算法进行实现与验证,该机器人装载了激光雷达传感器、摄像头传感器和里程计传感器。本章的研究在中国科学院软件研究所软件博物馆进行验证。

图 5.1 实验机器人

5.2.2 Rviz 可视化平台

在基于 ROS 的机器人操作系统下拥有多种可视化插件,Rviz 属于三维可视化工具,几乎所有机器人相关数据都可在 Rviz 中展现,并可通过添加插件扩展功能,进行二次开发。Rviz 中常使用激光数据可视化显示、图像数据可视化显示,并且此平台还可以在观察图形化的基础上,对机器人的传感器信息、运动情况以及周围变化信息进行掌控。本章所构建的地图通过 Rviz 可视化界面显示出来。对于改进 Cartographer 算法实验,本章利用 Rviz 可视化平台对 Cartographer 算法构建的不同环境条件下的地图进行显示。因此,可以直观地看出在几种不同环境下,算法改进前与算法改进后构建的地图效果。Rviz 可视化界面如图 5.2 所示。

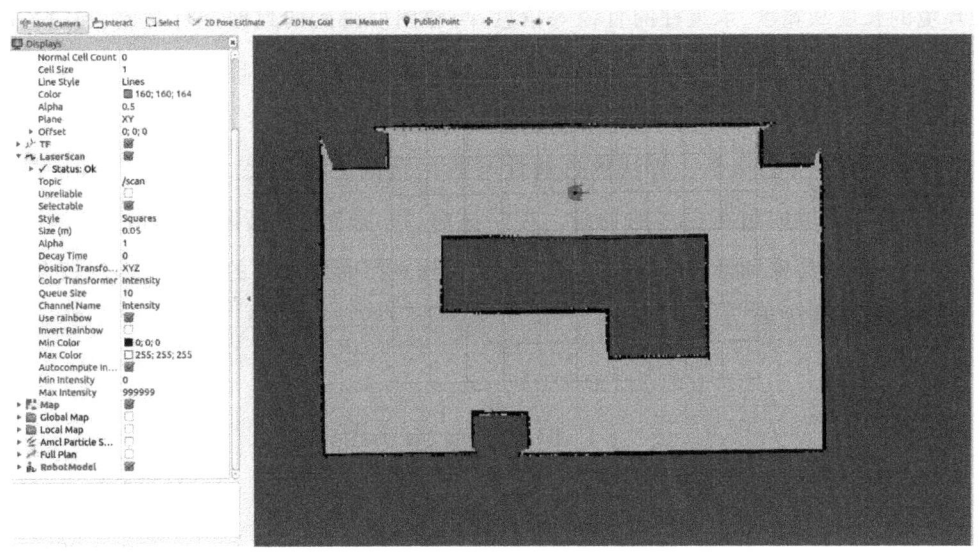

图 5.2 Rviz 可视化界面

5.3 改进 Cartographer 算法实验设计以及评价标准

本章所改进的 Cartographer 算法主要是基于原有算法在复杂环境下的结构相

似问题以及当实验环境中拥有狭长的走廊下,原有算法在地图构建时容易过早进行回环检测而导致闭环检测失败,从而造成构建地图的失败。基于这个特点,本章对 Cartograher 算法进行改进。本章所选取的实验环境为中国科学院软件研究所软件博物馆,该博物馆的环境较为复杂,有较多相似的物理布局结构和较长的、等宽的走廊,符合对本章改进的 Cartographer 进行验证。本章将分别采用改进前的 Cartographer 算法和改进后的 Cartographer 算法,在结构相似和拥有狭长走廊的两种实验环境下进行地图构建,并开展结果对比分析。

在进行实际测试前,需要有评价标准来进行结果的判断,这样才能够判断算法的好坏程度。我们将会采用以下两个方面来作为评判标准。

(1)建图与定位精度。在评价构图和定位的精度上,首先从地图是否构建完整,是否有出现错乱的问题,环境特征是否清晰等方面来判断;其次测量实际建图环境的长度和宽度、承重柱的直径等信息,与建图后得到的数据进行对比,通过数据可以更加准确地反映出建图和定位精度,也会影响到该算法的准确性,将这些数据进行对比能够更加准确地判断建图和定位精确度。

(2)算法的鲁棒性。算法的鲁棒性与应用范围息息相关。鲁棒性越强的算法,该算法能够应用在更多的场景。在测试时,可以选择颠簸路面、长距离、同宽度、少特征等特殊场景进行测试。通过检测算法在严苛环境下的建图与定位精度,来判断算法的优劣。

5.4 地图构建实验

改进后的 Cartographer 算法是基于 ROS 系统下通过源码编译的方式进行实验验证。在已下载 Cartographer 源码功能包的基础上,将本章改进的代码部分移植到下载的源码功能包里。配置好装有 kinetic 版本的 ROS 环境,并将激光雷达的功能包和底盘驱动功能包放置在该算法所在的工作空间底下。键盘节点控制机器人在整个测试环境中正常行驶,选择在空间较大的大厅中控制机器人使其进行高速旋转,通过高速旋转来对比这两种算法的鲁棒性。使用 ROS 中的 rosbag 功能包协助完成本次试验将计划发布的所有 topic 数据保存到一个 rosbag 文件中并记录里程计、激光雷达等传感器数据,保证两种算法运行的条件相同。以下将在三种场景下对算法进行构图测试。

第一种,在空旷的环境下选取少量特征不相同的障碍物作为参照物,通过按键操控使得机器人以较高速度进行旋转,图 5.3 是使用未改进的算法得到的构图效果,图 5.4 是使用改进后的算法得到的构图效果。

图 5.3 高速旋转下,未改进的算法的构图效果

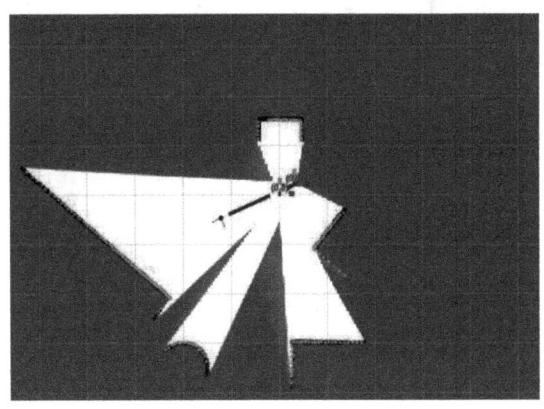

图 5.4 高速旋转下,改进后的算法的构图效果

第二种,编译运行未改进的算法,通过键盘控制使机器人在空间较大并结构相似环境中行驶一圈并构建出的地图如图 5.5 所示。编译运行改进后的算法使机器人构建同样环境下的地图并保持机器人两次行走的路径基本一致。其中,使用改进后的算法构建出的地图如图 5.6 所示。

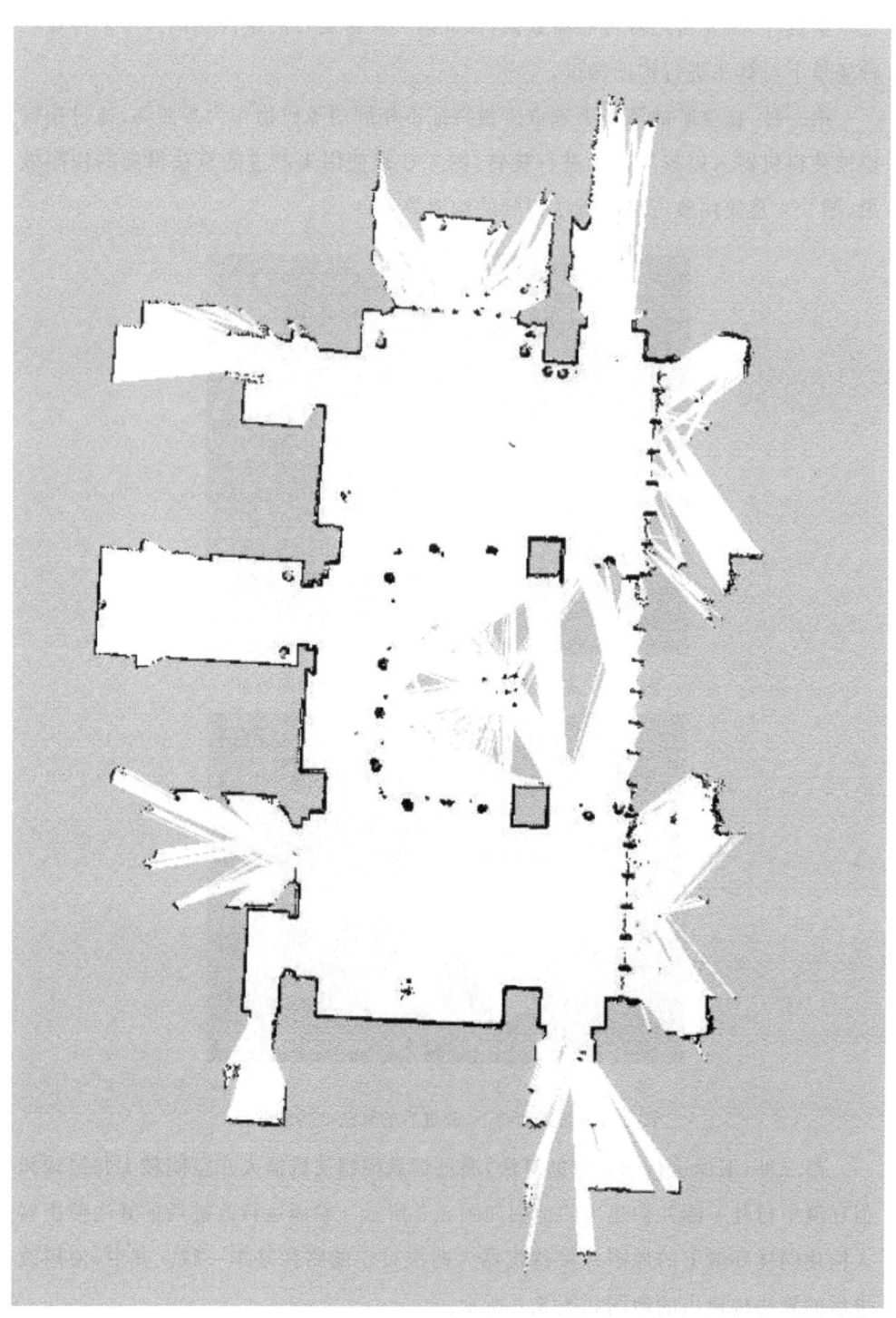

图 5.5 结构相似环境下,未改进的算法的构图效果

第5章 基于机器人平台的Cartographer算法实现

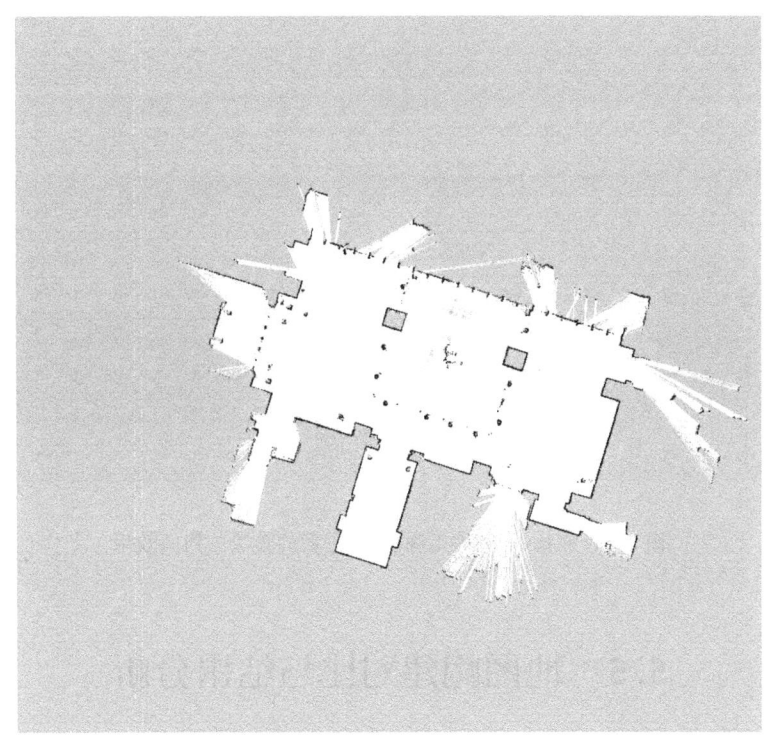

图 5.6 结构相似环境下,改进后的算法的构图效果

第三种,分别编译两种改进前和改进后的算法并运行。通过键盘控制使机器人在狭长、等宽的走廊里进行地图构建。其中,使用未改进的算法构建的地图如图 5.7 所示,使用改进后的算法构建的地图如图 5.8 所示。

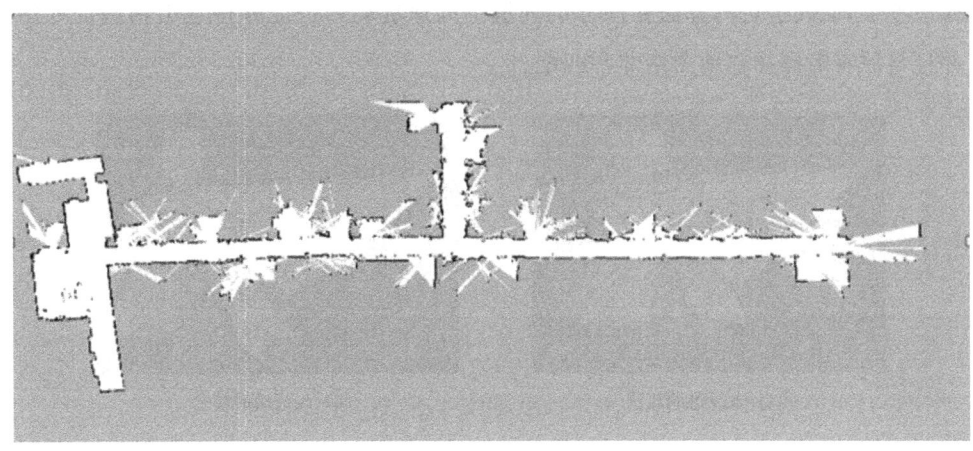

图 5.7 狭长、等宽的走廊里,未改进的算法的构图效果

基于室内移动机器人的多传感器融合技术

图 5.8　狭长、等宽的走廊里,改进后的算法的构图效果

5.5　地图构建对比与结果分析

本章将以前文中所列举的评价标准对改进前的算法和改进后的算法进行对比分析并评价。在第一种环境(有少量结构特征不相似的障碍物)下,由图 5.9 可以看出,未改进的算法在较高速度旋转的情况下,即使障碍物特征不相似,也容易出现回环错误,如图 5.9(a)中圈内所示,说明原有的 Cartographer 算法不够稳定,鲁棒性不强,而改进后的算法在同样的环境下高速旋转后仍能够构建出精确的地图并且与原有障碍物在地图中非常匹配。

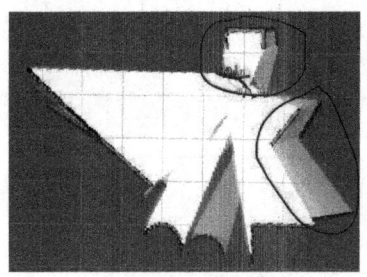　　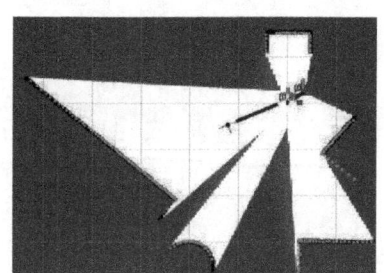

(a) 未改进的算法　　　　　　　　　　　(b) 改进后的算法

图 5.9　第一种环境下构图效果对比图

|第 5 章| 基于机器人平台的 Cartographer 算法实现

在第二种环境(有较为相似的结构布局)下,具体场景中的两个立柱可以用作移动机器人的参考点以及行进起点,环境四周摆放了多个展柜,对移动机器人的建图能力进行测试。中国科学院软件研究院软件博物馆整个环境没有出现突变,干扰因素少,可测试算法在一般场景下的建图精度和建图速度。

从图 5.10(a)图可以看出,在复杂环境并且环境结构特征类似的情况下,未改进的算法容易出现回环检测错误,导致构建的地图与实际环境不是精确匹配的,而使用改进后的算法能够有效地解决未改进的算法在复杂环境且环境结构特征类似的情况下构图回环匹配错误的问题。最后,本章的研究对未改进的算法的建图效果和改进后的算法的建图效果进行了数据对比,并将其所得误差进行了统计,见表 5.1。

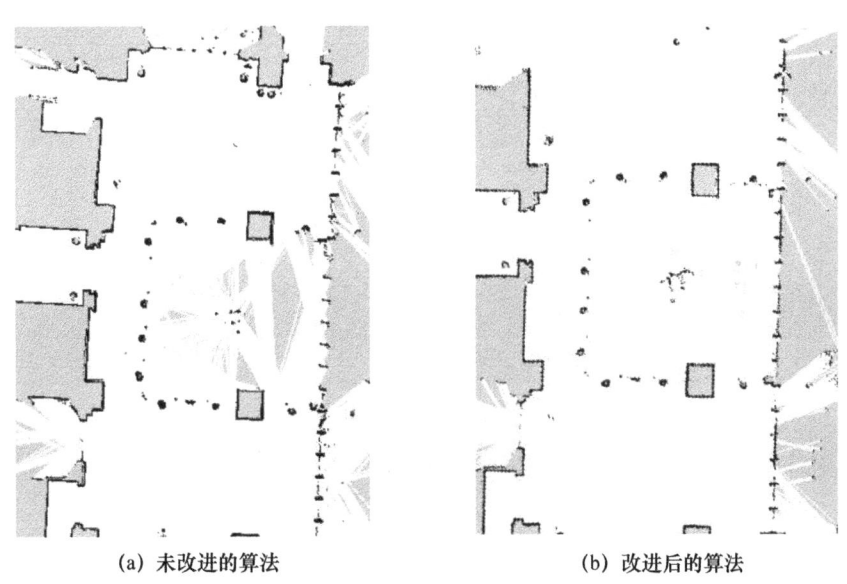

(a) 未改进的算法　　　　　　　　(b) 改进后的算法

图 5.10　第二种环境下构图效果对比图

表 5.1　第二种环境下,两种算法的误差对比表

地图类别	1	2	3	4
未改进的算法建图得到的坐标/m	(6.315,0.609)	(8.412,−1.175)	(8.367,1.132)	(8.375,2.512)
改进后的算法建图得到的坐标/m	(6.029,0.544)	(8.295,−1.074)	(8.325,1.014)	(8.335,2.471)
实际地图坐标/m	(5.929,0.514)	(8.265,−1.014)	(8.265,1.014)	(8.265,2.431)
未改进的算法建图得到的误差/m	0.158	0.216	0.155	0.357

续表

地图类别	1	2	3	4
改进后的算法建图得到的误差/m	0.104	0.067	0.060	0.081

在第三种环境(长距离、等宽度的走廊)下,未改进的算法很容易时时刻刻都处于回环检测状态,并且误认为物体都在同一个地方,因此不会更新地图,导致构建的地图与实际环境不匹配,如图 5.11(a)所示,而本章的研究应对这种环境特征加

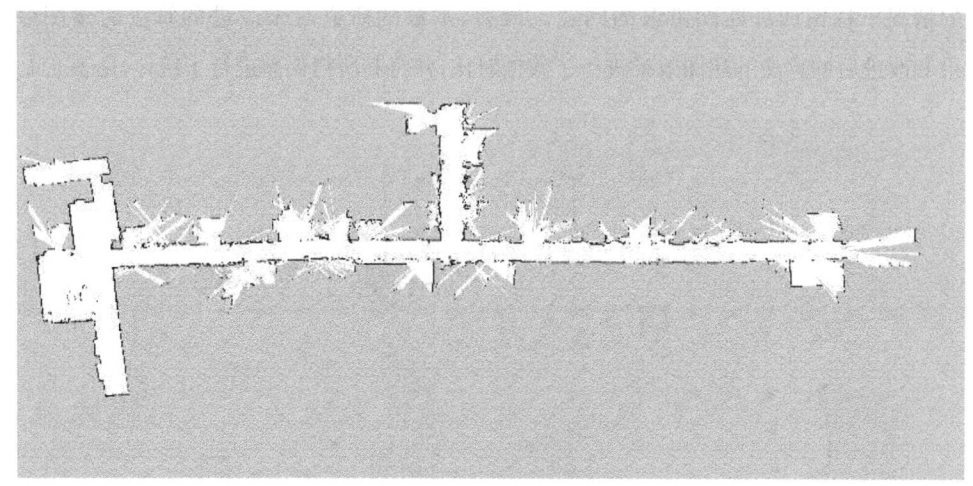

(a) 未改进的算法

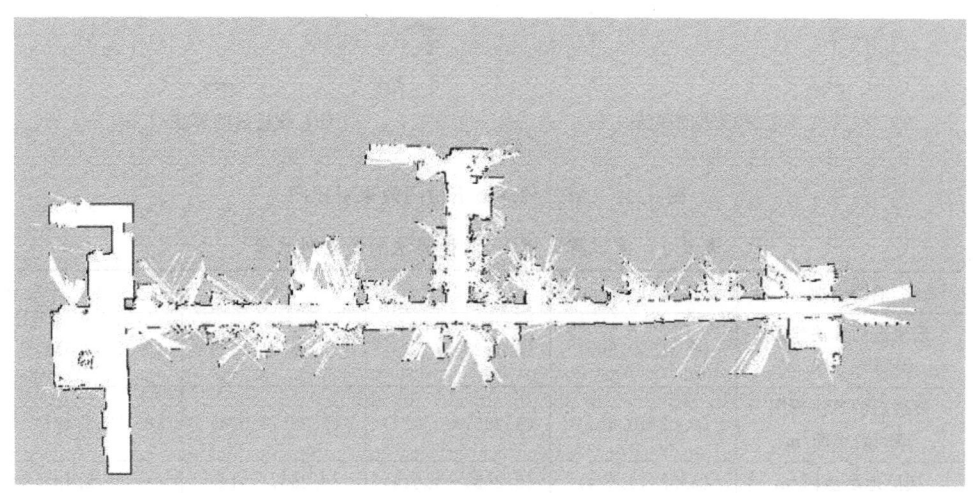

(b) 改进后的算法

图 5.11 第三种环境下构图效果对比

入了延迟决策策略,使得在进行回环检测中当机器人遇见同样的环境特征时不会一开始就进行闭环处理,而是采用了延时处理,直到下次出现特征不一致时才进行闭环处理。本章改进后的算法构图效果如图 5.11(b)所示,可以看出构建出的地图比较精确并且与实际环境中的长度匹配。最后,本章的研究对未改进的算法的建图效果和改进后的算法的建图效果进行了数据对比,并将其所得误差进行了统计,见表 5.2。

表 5.2　第三种环境下,两种算法的误差对比表

地图类别	1	2	3	4
未改进的算法建图得到的坐标/m	(16.315,0.609)	(18.412,−1.175)	(18.367,1.132)	(18.375,2.512)
改进后的算法建图得到的坐标/m	(16.029,0.544)	(18.295,−1.074)	(18.325,1.014)	(18.335,2.471)
实际地图坐标/m	(15.929,0.514)	(18.265,−1.014)	(18.265,1.014)	(18.265,2.431)
未改进的算法建图得到的误差/m	0.158	0.216	0.155	0.357
改进后的算法建图得到的误差/m	0.104	0.067	0.060	0.081

综合来看,依据前文中的评价标准,以及本章所设计的三种实验环境并利用未改进的算法与改进后的算法进行对比分析,本章改进后的算法能够在任何环境下进行稳定的建图工作。就建图效果而言,改进后的算法的建图效果要明显更优秀。未改进的算法对走廊的长度和宽度都有较大的测量误差,明显可以看出随着建图的不断进行,未改进的算法对走廊宽度的测量越来越不准确。产生误差的主要原因是:走廊的特征点比较单一,导致未改进的算法出现了错误的回环检测。因此,改进后的算法有更好的鲁棒性。综合比较上述算法可知,加入了 map to map 之间的回环匹配和 Lazy Decision 决策策略算法对 catrographer 算法进行优化后,进一步提升了 Cartographer 算法的综合性能。

本章小结

本章通过以自行搭建的室内移动机器人为载体,在 ROS 的基础上来研究室内地图的创建问题,从理论上来研究基于激光雷达的机器人建图和定位的研究和实现,对目前的 Cartographer 算法进行改进。

首先,本章从理论上对移动机器人的运动模型进行了分析,并了解了激光雷达的测距原理、里程计模型,也掌握了传感器的工作机理;其次,对 Cartographer 算法进行分析,发现该算法存在明显的缺陷,并对其进行改进;最后,在多种环境中,测试了移动机器人的建图情况,并且对建图效果进行详细分析,在完成全部试验后,对所有试验结果进行了分析并提出了展望。

第6章
基于多传感器融合的室内建图方法

6.1 引　言

本章主要研究在移动机器人位姿状态已知的假设条件下的地图构建问题,即假设在构建地图时已经提前预知环境中某一部分的位姿信息,从而可以避开一些SLAM的问题。这里将会讨论几种常见的室内建图算法,统称为栅格地图构建算法。栅格地图构建算法描述了这样一个问题:假设机器人位姿已知,如何利用有噪声和不确定的测量数据生成一致性的地图。栅格地图构建算法的基本思想是用一系列随机变量来表示地图,每个随机变量是一个二值数据来表示该位置是否被占用。栅格地图构建算法对以上的随机变量进行近似后验估计,最后本章在所搭建的平台上进行系统建图实验,并将传统的建图效果和改善后的建图效果进行比较。

6.2 里程计模型

在对建图算法原理进行介绍前,这里需要对里程计模型进行相关阐述。因为里程计模型是局部地图到全局地图的一个重要转换点,通过里程计模型的数据信息可以将一幅幅的局部地图串联成一个完整的全局地图。

里程计模型通常可通过整合轮子的编码器信息来得到,许多商业机器人在固定的时间间隔产生这样的积分位姿估计,里程计模型用距离测量代替控制。在实际应用中,里程计模型虽然存在误差,但通常比速度模型更精确。虽然两种模型都存在漂移和打滑,但是速度模型还受实际运动控制器与粗糙的数学模型之间的不匹配的影响。里程计模型只有在机器人进行移动后才可使用,可以很方便地给出滤波算法。

技术层面的里程计信息就是传感器测量,而不是控制。为了建立作为测量的里程计模型,产生的贝叶斯滤波必须包括作为状态变量的实际速度,这样就会增加状态空间的维数,为了保持状态空间比较小,通常把里程计数据认为是控制信号。里程计模型使用相对运动信息,该信息由机器人内部里程计测量,更具体地,在时间间隔$(t-1,t]$内,机器人从位姿x_{t-1}前进到位姿x_t,里程计模型反馈了从$x_{t-1}=(x,y,\theta)$到$x_t=(x',y',\theta')$的相对前进。

在里程计的概率运动模型中,为了提取相对距离,任意两个位姿之间的相对差可由三个串联的基本运动表示,旋转、直线运动和旋转,如图 6.1 所示。

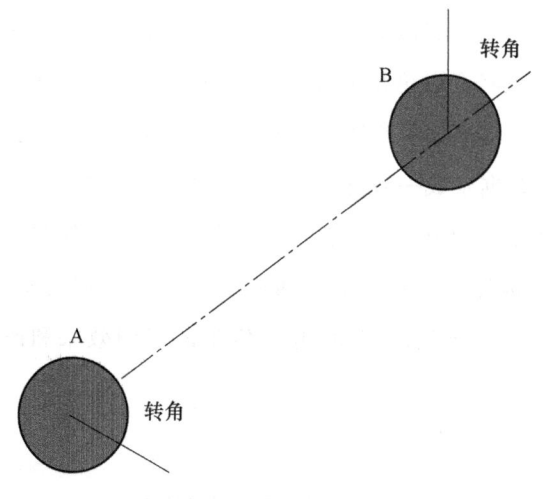

图 6.1　里程计模型图

A 转角用 δ_1 表示,B 转角用 δ_2 表示,A 和 B 之间的位移用 δ_{trans} 表示。通过图 6.1 可以得到,每一个位置都有唯一的参数向量$(\delta_1,\delta_{trans},\delta_2)$,这些参数足以重现 A 到 B 的相对运动,因此,$(\delta_1,\delta_{trans},\delta_2)$可以组成由里程计编码的相对运动的统计量。

| 第 6 章 | 基于多传感器融合的室内建图方法

本章的研究中,我们使用光电编码器配合两个驱动轮并进行运动学逆推得到移动机器人的位姿。为了方便公式计算,假定车体对称,车身的质心与几何中心完全重合,两个驱动轮的半径大小相同,左右轴距相等,模拟效果如图 6.2 所示。

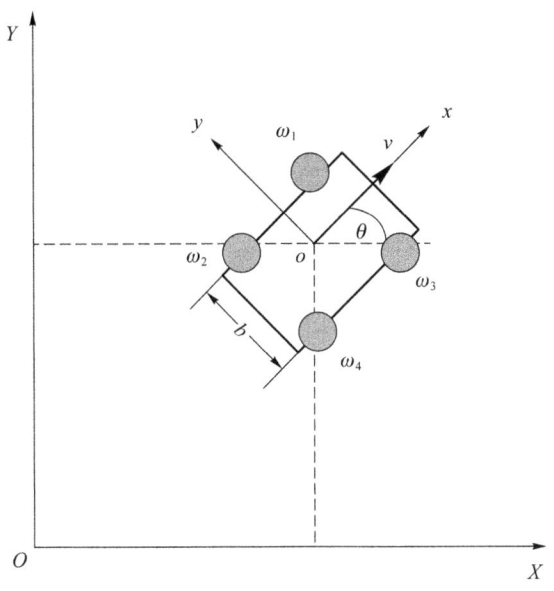

图 6.2 世界坐标系和机器人坐标系参考图

图 6.2 中,xoy 为局部参考坐标系,XOY 为全局参考坐标系,θ 为车体前进方向与 X 轴的夹角。排除车轮打滑的情况,车轮中心的纵向速度与车轮边缘的线速度相等,即

$$V_L = r\omega_L$$
$$V_R = r\omega_R \tag{6-1}$$

其中,r 表示车轮半径。因此,根据示意图可以得到:

$$\frac{V_L + V_R}{2} = \frac{r\omega_L + r\omega_R}{2} \tag{6-2}$$

$$\dot{\theta} = \omega = \frac{V_L - V_R}{b} = \frac{r\omega_L - r\omega_R}{b} \tag{6-3}$$

其中,v 代表车体的中心速度,ω 表示车体绕几何中心的角速度,b 表示车轮的轮距。所以,在 XOY 全局参考坐标系下,移动机器人此时的运动学模型可以由式(6-4)得到:

$$\begin{bmatrix} \dot{X} \\ \dot{Y} \\ \dot{\theta} \end{bmatrix} = \begin{bmatrix} \cos\theta & 0 \\ \sin\theta & 0 \\ 0 & 1 \end{bmatrix} \begin{bmatrix} v \\ \omega \end{bmatrix} \tag{6-4}$$

即

$$\dot{X} = \frac{r\omega_L + r\omega_R}{2}\cos\theta$$

$$\dot{Y} = \frac{r\omega_L + r\omega_R}{2}\sin\theta \tag{6-5}$$

$$\dot{\theta} = \frac{r\omega_L - r\omega_R}{b}$$

在实际应用中,由于车体的机械构造问题存在制造误差,小车在运动时必会存在横向或者纵向的打滑。对于在平面坐标系内运动的小车,需要重点考虑的是车体的纵向滑动问题,因为纵向的滑动会使得车轮边缘的线速度存在较大的误差,经过长时间的累积会直接导致车体测量数据完全失真,最终会导致机器人在建图的时出现失误,导致无法正确建立室内地图,如图6.3所示。里程计的偏差累积会导致在建立室内地图时出现图6.3右下角的地图失真情况。

图6.3 室内建图效果图

6.3 地图构建原理解析

室内建图算法主要利用里程计信息和激光雷达的测距信息把室内的信息地图进行描绘。针对室内地图的描绘通常使用的方法是栅格地图的描绘方式,栅格地图是最简单的环境表示方法,它将整个的环境用一系列的栅格进行划分,以方便来表示环境中是否存在障碍物。此外,栅格地图易于创建和维护,栅格地图中的信息可以和环境中的某个区域进行对应,特别是对于激光雷达这样的传感器非常适用,更重要的一点是栅格地图可以实时的更新动态环境信息。此外,环境表示的分辨率和栅格尺寸的大小是相关的,即若提高环境的分辨率,同样栅格的数量将会进行相应增加,这就会将运算时间复杂度和空间复杂度提升,例如在大型的环境下进行相关实验操作,栅格将会随着全局地图的不断扩大越来越多,最终会对计算环境信息存储带来很大的问题[56],栅格地图和它们的变种在机器人领域非常流行。这是因为栅格地图容易获得,并且栅格地图捕捉到了机器人导航的重要元素。

栅格地图构建算法的黄金定律是根据给定的数据计算出整个地图的后验概率。即

$$p(m|z_{1:t},x_{1:t}) \tag{6-6}$$

其中:m 为地图;$z_{1:t}$ 为直到时刻 t 的所有测量值,$x_{1:t}$ 为用机器人位姿定义的路径。栅格地图所考虑的一类地图应在连续位置空间上定义了精细粒度栅格。

在通常的栅格尺度地图中,对于一个点,要么有障碍物(Occupied 状态,下面用 1 来表示),要么没有障碍物(Free 状态,下面用 0 来表示)。这里用 $p(s=0)$ 代表地图上的某一点为 Free 状态,$p(s=1)$ 代表地图上该点为占用或者说有障碍物。这里引入两个点的比值来确定该点的状态,即

$$\text{Map\_}(s) = \frac{p(s=1)}{p(s=0)}$$

对于新来的一个状态值 z,其中 $z \sim (0,1)$;因此需要更新它的状态,更新其状态的式(6-7)如下:

$$\text{Map\_}(s|z) = \frac{p(s=1|z)}{p(s=0|z)} \tag{6-7}$$

由贝叶斯公式可知:

$$p(s=1|z) = \frac{p(z|s=1)p(s=1)}{p(z)} \tag{6-8}$$

$$p(s=0|z) = \frac{p(z|s=0)p(s=0)}{p(z)} \tag{6-9}$$

将式(6-8)、式(6-9)带入式(6-7)中,可得

$$\text{Map\_}(s|z) = \frac{p(z|s=1)}{p(z|s=0)} \text{Map\_}(s) \tag{6-10}$$

这里栅格地图构建算法应用了对数占用概率表达方式,即对式(6-10)的两边取对数,可得:

$$\log_{10} \text{Map\_}(s|z) = \log_{10} \frac{p(z|s=1)}{p(z|s=0)} + \log_{10} \text{Map\_}(s) \tag{6-11}$$

对数占用概率表达的优点是可以避免 0 和 1 附近数值的不稳定性,故此时的测量值只剩下了中间一项 $\log_{10} \frac{p(z|s=1)}{p(z|s=0)}$,这样更新某点的状态就可以通过上次的状态加上本次的测量即可实现。

实现过程如图 6.4 所示,图中 −0.8 代表这些点处的状态更可能为无障碍物,而 0.9 则代表此处有障碍物的概率很大。

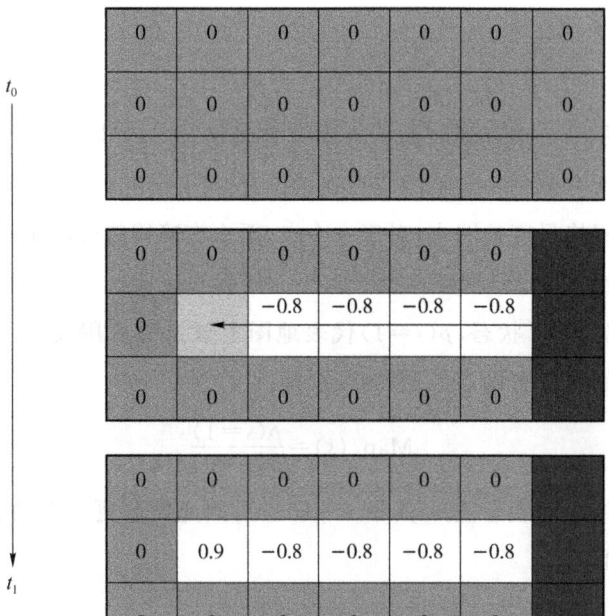

图 6.4 室内建图实现过程原理解析

第 6 章 基于多传感器融合的室内建图方法

激光雷达所测量的数据只是局部地图的信息,因此在局部地图建立完毕后,需要将局部地图转换为全局地图。将局部地图转为全局地图需要里程计信息,因为里程计信息是全局地图的位置坐标信息,如图 6.5 所示,需要将里程计信息加上激光雷达所测量的周围信息将地图进行扩展。

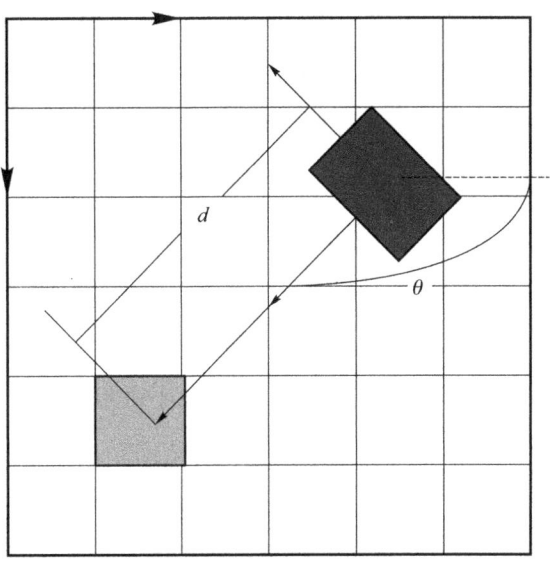

图 6.5 室内激光雷达建图

这里通过里程计模型可以获得机器人的状态为(x,y,θ),激光雷达相对于机器人本身的转角为α,d代表经过激光雷达所测算出的机器人到障碍物的距离。这里只需要通过式(6-12)和式(6-13)即可实现由局部地图到全局地图的转换。即

$$x_0 = d\cos(\theta+\alpha) + x \tag{6-12}$$

$$y_0 = d\sin(\theta+\alpha) + y \tag{6-13}$$

6.4 室内建图算法的比较

室内建图的算法主要有三种:Gmapping 建图算法[57]、Hector SLAM 建图算法[58]和谷歌最近新开源的 Cartographer 建图算法[59]。

目前,在激光 2D SLAM 中使用最广泛的方法是 Gmapping 建图算法。它是一

种开源的实时 SLAM 解决方案,是一种在实际应用中比较完善的室内建图算法。它提供了基于激光的 SLAM,节点名为 slam_gmapping。使用 slam_gmapping,可以从移动机器人收集的激光和位姿关系数据中创建二维栅格地图。

Gmapping 建图算法采用 RBPF(Rao-Blackwellized PF)SLAM 的方法,即使用粒子滤波[60]的方式对室内的地图进行估计,利用激光雷达传感器和里程计传感器的信息对室内的地图进行创建。粒子滤波算法需要大量的粒子来模拟机器人的实际位置,但是大量的粒子就会将计算的复杂度提高,同时这些粒子会根据观测逐渐更新每个粒子的权重并通过设定的阈值对粒子进行筛选,这个筛选的过程必然会代入粒子耗散问题。因此为了降低粒子的退化,需要进行粒子重采样,以保证有足够的粒子存在,重采样的规则是权重较大的粒子多生成一些,权重较小的粒子少生成一些,该方法类似于遗传算法。此外,该算法的精度比较依赖里程计传感器的精度,也正因如此,该算法无法适应无人机及地面不平坦的区域,因此在大的场景下或不平整区域,容易导致创建地图失真。该算法主要是利用粒子滤波的方式对所创建的地图进行图优化,它是一种蒙特卡洛算法,需要一定的计算量。粒子滤波算法解决的是贝叶斯计算直接采样后验分布时无法求解积分的问题,即用平均值来代替积分。

粒子滤波算法主要分为如下几个部分。

(1) 初始状态。用大量粒子模拟 $X(t)$,粒子在空间内均匀分布;这里的 $X(t)$ 代表 t 时刻的粒子状态,在机器人里程计中代表的是 (x,y,θ),即全局的 (x,y) 坐标和机器人朝向与全局坐标系下 X 轴的角度。

(2) 预测阶段。根据状态转移方程,每一个粒子得到一个预测粒子。

(3) 校正阶段。对预测粒子进行评价,越接近真实位置的粒子,赋予的权重越大;越偏离真实位置的粒子,赋予的权重越小。

(4) 重采样。设定一个筛选阈值,筛选的原则是:尽可能保留权重较大的粒子,也要保留一些权重较小的粒子。重采样就是避免粒子退化,即让权重大的粒子多衍生一部分,权重小的粒子则少出现,这样能将预测的结果更加准确。

(5) 求估计结果。求估计结果的过程就是利用所复制出的粒子的所有状态进行求解,得出我们预测的结果。

(6) 滤波。将重采样后的粒子带入状态转移方程得到新的预测粒子,即步骤(2)。

Hector SLAM 建图算法是基于优化的算法,利用高斯牛顿方法解决 scan-matching 问题,该算法对传感器的要求比较高,需要雷达的更新频率在 40 Hz 以上。在创建地图的过程中,需要机器人在速度比较低的情况下,其建图的效果才会比较理想。它的优点是不需要使用里程计,利用已经获得的地图对激光点进行优化,并估计激光点在地图中的表示和占用网格的概率。此外,hector_slam 通过最小二乘法匹配到扫描点,且依赖高精度的激光雷达数据,直接将激光点和已有的地图进行对齐操作。但是它最突出的问题是对地图的修正能力很差,一旦地图出现问题,之后的匹配过程也就会出现相应的误差。

Cartographer 建图算法是 Google 在 2016 年开源出的最新的室内建图算法,是 Google 的实时室内建图项目。它将激光雷达传感器安装在背包上面,可以生成分辨率为 5 cm 的 2D 网格地图。获得的每一帧 laser scan 数据,利用 scan-matching 在最佳估计位置处插入子图(submap)中,且 scan-matching 只跟当前 submap 有关。在生成一个 submap 后,会进行一次局部的回环检测。待所有 submap 完成后,利用分支定位和预先计算的网格,会再进行一次全局的回环检测。该算法的优点在于 submap 的选择和闭环检测的加速策略。

Gartographer 建图算法主要有两个优点。第一个优点是采用 2 分级的图结构,整个地图分为多个子图,而每个子图表示为占用格结构,新 Scan 只在子图内处理以保证快速和稳定的处理时间。另外,在检测到回环时,通过对包括所有子图姿势的全图进行优化求解以消除 Scan 和子图匹配所引入的累计误差问题,这里由于不是对所有 Scan 进行处理,而是以子图为单位进行,使得整个的优化求解时间极大的缩小。第二个优点是回环相关的性能优化。一方面,相比传统的先检测回环,在求解相对位姿来说,显得结构上更为统一,将建立回环的过程转化为一个查找过程。而另一方面,当完成对离散候选解空间的树形构造后,在树中对解的查找过程速度很快,剩下的对于建树过程中节点的 Bound 的选择通过对子图的 precompute 来完成,这种中间结构的引入(代价 $O(n)$)使得回环过程可以实时的完成,从而通过回环不断调整子图以消除累计误差。

Cartographer 建图算法缺点是代码极其消耗 CPU 内存,以至于在 I7 处理器下可以闭环的数据，在 I5 的处理器下就可能无法正常闭环，最终导致数据集也无法实现闭环。

我们主力研究如何使用 Gmapping 建图算法在室内空间里进行有效的建图。这里对 Gmapping 建图算法进行一个详细的框架解剖，Gmapping 建图算法是基于粒子滤波的一种室内建图方式，使用粒子滤波算法的目的是在一定程度上缩减里程计所带来的误差，里程计的误差情况如图 6.6 所示。通过观察可以看出，机器人在前期的行走过程中，实际位置和里程计计算得出的位置没有很大差异，但经过一定的旋转之后就会出现里程计的轨迹跟实际轨迹偏离特别多，其中细虚线代表机器人行走的实际位置，粗虚线代表通过里程计计算得出的位置。

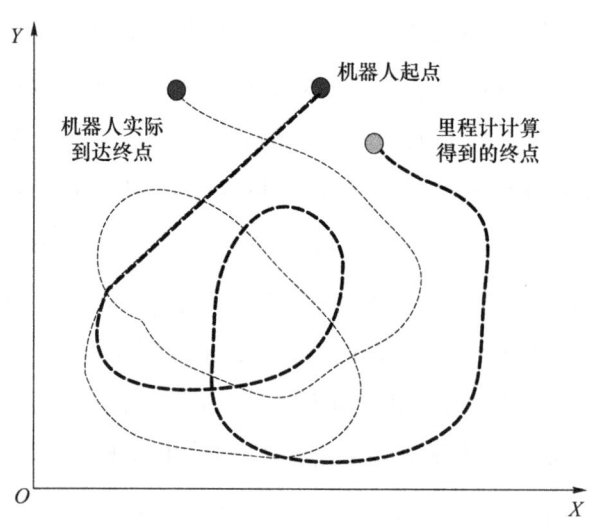

图 6.6 里程计模型效果图

因此，利用粒子滤波的方法对传感器的误差进行限制，以达到最优的建图效果。如图 6.7 所示，可以将里程计的运动信息可以分为两个阶段：第一个阶段是粗定位阶段，就是依据传感器本身测的数据，不添加任何限制；第二个阶段是细定位阶段，也就是在该阶段中需要使用粒子滤波对里程计的信息进行精确化调整。第一阶段本章不予讨论，直接读取传感器返回的数值即可，主要探讨第二阶段中里程计模型的建立，即讨论如何将粒子滤波算法加入里程计里面。

在粗定位阶段，移动机器人通过机器人运动模型从 A 点运行到 B 点，由于到

达 B 点位置信息不精确,因此本章的处理方式就是对机器人 B 点所在的位置周围进行撒点操作,这些点均代表机器人可能在的真实位置,即图 6.7 中浅灰色的圈点。虽然 B 点得到的位置不精确,但经过撒点后的位置是一小片区域,那么这一小片区域总会有一个比较接近真实机器人位置的点。

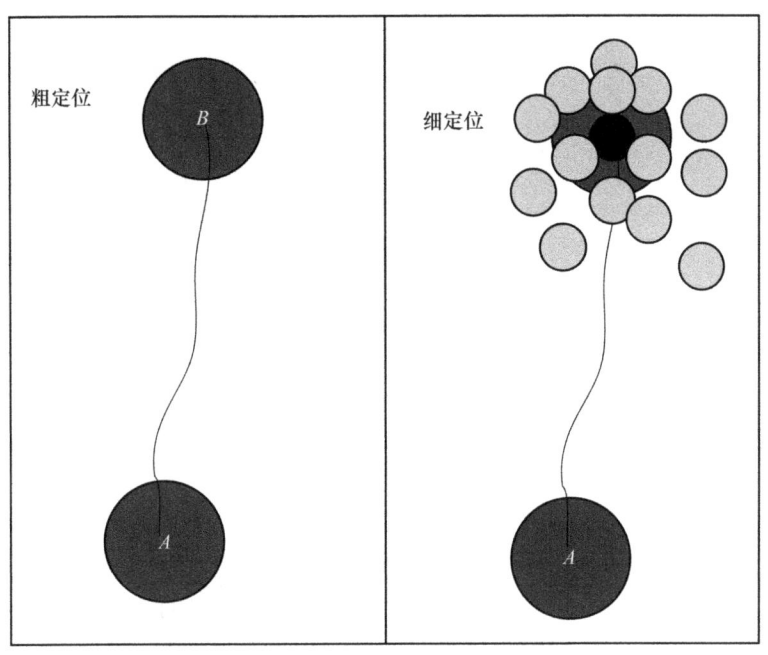

图 6.7 粒子滤波定位效果图

Gmapping 建图算法选取优质粒子点的规则或者方法是通过激光雷达所建立的局部地图信息进行扫描匹配方法得到的。图 6.8 为所建立的局部子地图效果。图 6.9(a)为激光雷达在 A 点进行扫描得到的周围的环境情况,图 6.9(b)为机器人经过移动一段距离后到达 B 点经过扫描后得到的周围的环境信息,A 点与 B 点之间的扫描环境会有一部分是重叠区域,如图 6.9(c)所示。该算法利用该重叠区域进行粒子筛选,即在 B 点周围洒下的粒子均会生成一个个的子地图,然后将这些粒子生成的子地图均与 A 点的地图进行匹配,与子地图匹配度高的粒子会被记录并留下,与子地图匹配度低的粒子就会被淘汰,这样就把一个点的位姿状态转换为一堆粒子的移动轨迹,通过该方法在一定的程度上会减免里程计所带来的误差。

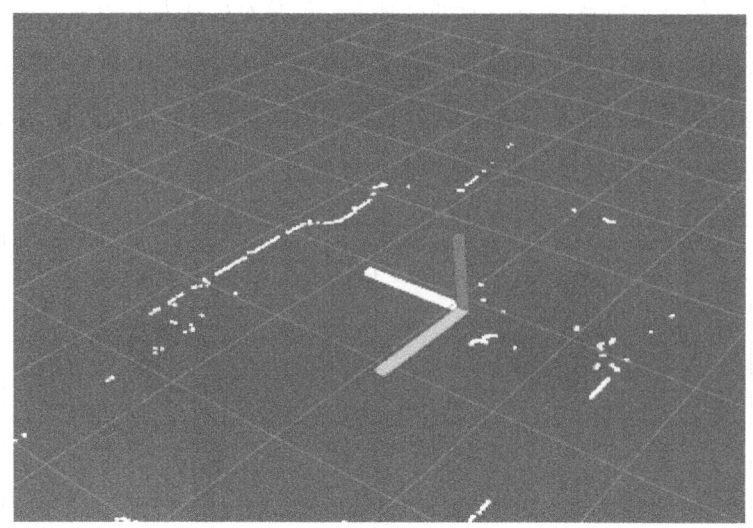

图 6.8 激光扫描局部地图

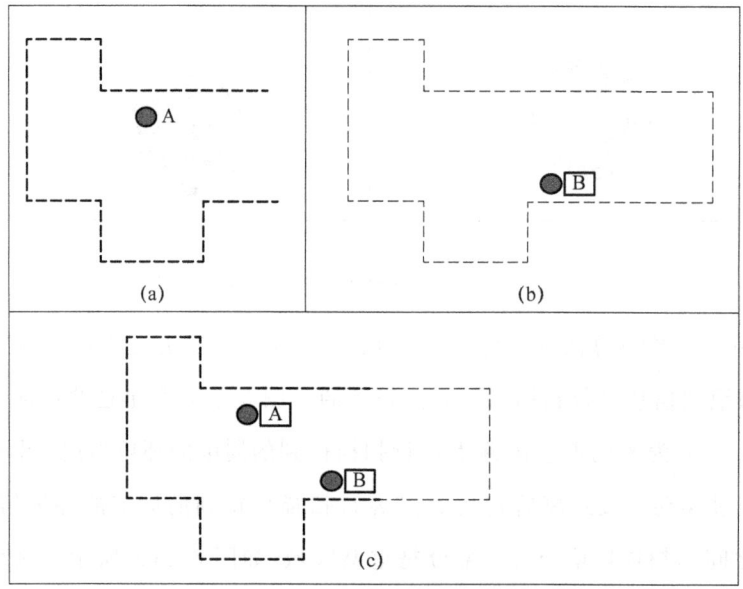

图 6.9 地图匹配效果图

6.5 基于视觉信息修正的改进建图算法

6.5.1 单目相机的标定原理

本章研究的首要任务是要通过拍摄到的图像信息来获取物体在真实三维世界里相对应的信息,于是建立物体从三维世界映射到相机成像平面这一过程中的几何模型就显得尤为重要,而这一过程最关键的部分就是要得到相机的内部参数和外部参数。

对于矫正透镜畸变产生的原因:成像方面的研究源于小孔成像,但是这种成像方式只有小孔部分能透过光线,这就会导致物体的成像亮度很低。后来人们使用了透镜,虽然亮度问题解决了,但是由于透镜的制造工艺,使得成像会产生多种形式的畸变。为了去除畸变,研究者们计算并利用畸变系数来矫正这种像素差,这就是相机标定技术。

根据相机标定技术的原理,需要引入如下几个坐标系。

(1) 世界坐标系(world coordinate system):用户定义的三维世界的坐标系,为了描述目标物在真实世界里的位姿信息而被引入,单位为 m。

(2) 相机坐标系(camera coordinate system):在相机上建立的坐标系,为了从相机的角度描述物体位置而定义,作为沟通世界坐标系和图像/像素坐标系的中间一环,单位为 m。

(3) 图像坐标系(image coordinate system):为了描述成像过程中物体从相机坐标系到图像坐标系的投影透射关系而引入,方便进一步得到像素坐标系下的坐标,单位为 m。

(4) 像素坐标系(pixel coordinate system):为了描述物体成像后的像点在数字图像上(相片)的坐标而引入,是我们真正从相机内读取到的信息所在的坐标系,单位为个(像素数目)。

图 6.11 为这四个坐标系之间的关系。

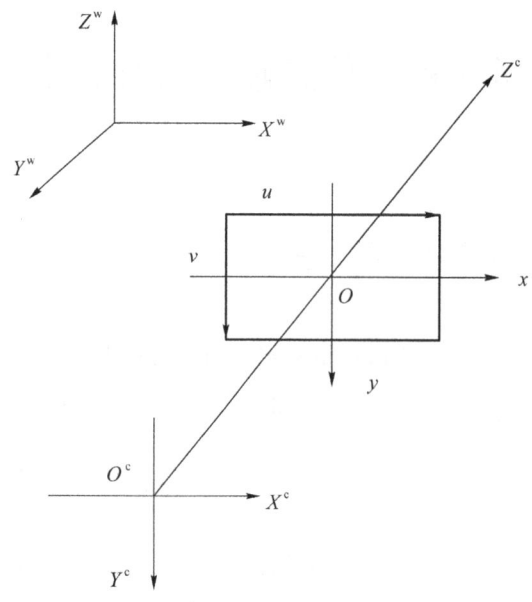

图 6.10　相机坐标系参考图

世界坐标系：X^w、Y^w、Z^w。相机坐标系：X^c、Y^c、Z^c。图像坐标系：x、y。像素坐标系：u、v。其中，相机坐标系的 Z^c 轴与光轴重合，且垂直于图像坐标系平面并通过图像坐标系的原点，相机坐标系与图像坐标系之间的距离为焦距 f（即图像坐标系原点与焦点重合）。图像坐标系平面和像素坐标系平面重合，但像素坐标系原点位于图中左上角（之所以这么定义，目的是从存储信息的首地址开始读写）。

对相机标定的过程均采用国际象棋棋盘进行操作，如图 6.11 所示。

图 6.11　相机标定板参考图

棋盘是一块由黑白方块间隔组成的标定板,这里用它来作为相机标定的标定物(从真实世界映射到数字图像内的对象)。之所以这里用棋盘作为标定物是因为平面棋盘模式更容易处理(相对于复杂的三维物体),但与此同时,二维物体相对于三维物体会缺少一部分信息,因此在相机标定过程中,需要多次改变棋盘的方位来捕捉图像,以求获得更丰富的坐标信息。

下面将依次对刚体进行一系列变换,使之从世界坐标系进行仿射变换、投影透射,最终得到像素坐标系下的离散图像点。在这一过程中会逐步引入各参数矩阵。

从世界坐标系到相机坐标系,通过旋转和平移来可以将刚体从世界坐标系映射到相机坐标系来,这里将其变换矩阵由一个旋转矩阵和平移向量组合成的齐次坐标矩阵来表示,如下

$$\begin{bmatrix} x_c \\ y_c \\ z_c \\ 1 \end{bmatrix} = \begin{bmatrix} R & t \\ 0_3^T & 1 \end{bmatrix} \begin{bmatrix} x_w \\ y_w \\ z_w \\ 1 \end{bmatrix} = \begin{bmatrix} r_1 & r_2 & r_3 & t \end{bmatrix} \begin{bmatrix} x_w \\ y_w \\ 0 \\ 1 \end{bmatrix} = \begin{bmatrix} r_1 & r_2 & 1 \end{bmatrix} \begin{bmatrix} x_w \\ y_w \\ 1 \end{bmatrix} \quad (6\text{-}14)$$

其中,R 为旋转矩阵,t 为平移向量,因为假定在世界坐标系中物点所在平面过世界坐标系原点且与 z_w 轴垂直,所以 $z_w=0$。其中,变换矩阵为

$$\begin{bmatrix} R & t \\ 0_3^T & 1 \end{bmatrix} \quad (6\text{-}15)$$

即为前文提到的外参矩阵,之所称之为外参矩阵可以理解为只与相机外部参数有关,且外参阵随刚体位置的变化而变化。但是,为了在数学上更方便的描述,这里将相机坐标系和图像坐标系位置对调,变成图 6.12 的布置方式。

此时,假设相机坐标系中有一点 M,则在理想图像坐标系下(无畸变)的成像点 P 的坐标为

$$X_p = f \frac{X_m}{Z_m}$$
$$Y_p = f \frac{Y_m}{Z_m} \quad (6\text{-}16)$$

将式(6-16)化为齐次坐标表示形式为

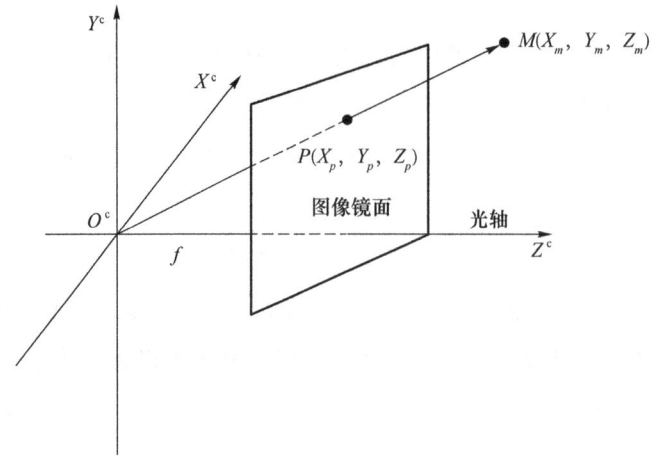

图 6.12　相机坐标系和图像坐标系参考图

$$Z_m \begin{bmatrix} X_p \\ Y_p \\ 1 \end{bmatrix} = \begin{bmatrix} f & 0 & 0 & 0 \\ 0 & f & 0 & 0 \\ 0 & 0 & 1 & 0 \end{bmatrix} \begin{bmatrix} X_m \\ Y_m \\ Z_m \\ 1 \end{bmatrix} = \begin{bmatrix} f & 0 & 0 & 0 \\ 0 & f & 0 & 0 \\ 0 & 0 & 1 & 0 \end{bmatrix} \begin{bmatrix} 1 & 0 & 0 & 0 \\ 0 & 1 & 0 & 0 \\ 0 & 0 & 1 & 0 \end{bmatrix} \begin{bmatrix} X_m \\ Y_m \\ Z_m \\ 1 \end{bmatrix}$$

(6-17)

透镜的畸变主要分为径向畸变和切向畸变(还有薄透镜畸变等,但都没有径向畸变和切向畸变影响显著,所以我们在这里只考虑径向畸变和切向畸变)。

径向畸变是由透镜形状的制造工艺导致的,且越向透镜边缘移动,径向畸变越严重。在实际情况中,我们常用 $r=0$ 的泰勒级数展开的前几项来近似描述径向畸变。矫正径向畸变前后的坐标关系为

$$\begin{cases} x_{\text{rcorr}} = x_p(1+k_1r^2+k_2r^4+k_3r^6) \\ y_{\text{rcoor}} = y_p(1+k_1r^2+k_2r^4+k_3r^6) \end{cases}$$

(6-18)

由此可知对于径向畸变,需要求解三个畸变参数。

由于切向畸变是由透镜和 CMOS 或者 CCD 的安装位置误差导致的。切向畸变需要两个额外的畸变参数来描述,矫正前后的坐标关系为

$$\begin{cases} x_{\text{rcorr}} = x_p + (2p_1x_py_p + p_2(r^2+2x_p^2)) \\ y_{\text{rcoor}} = y_p + (2p_2x_py_p + p_1(r^2+2y_p^2)) \end{cases}$$

(6-19)

由此可知,对于切向畸变,需要对两个畸变参数进行求解。

综上,对相机进行畸变描述,一共需要对五个畸变参数(k_1、k_2、k_3、p_1、p_2)进行描述。

从图像坐标系到像素坐标系,由于定义的像素坐标系原点与图像坐标系原点不重合,假设像素坐标系原点在图像坐标系下的坐标为(u_0, v_0),每个像素点在图像坐标系 x 轴、y 轴方向的尺寸为:d_x, d_y,且像点在图像坐标系下的坐标为(x_c, y_c),于是可得到像点在像素坐标系下的坐标为

$$u = \frac{x_c}{d_x} + u_0$$
$$v = \frac{y_c}{d_y} + v_0$$
(6-20)

化为齐次坐标表示形式,可得:

$$\begin{bmatrix} u \\ v \\ 1 \end{bmatrix} = \begin{bmatrix} \frac{1}{d_x} & 0 & 0 \\ 0 & \frac{1}{d_y} & 0 \\ 0 & 0 & 1 \end{bmatrix} \begin{bmatrix} x_c \\ y_c \\ 1 \end{bmatrix}$$
(6-21)

若暂不考虑透镜畸变,则将式 $\begin{bmatrix} f & 0 & 0 \\ 0 & f & 0 \\ 0 & 0 & 1 \end{bmatrix}$ 与 $\begin{bmatrix} \frac{1}{d_x} & 0 & 0 \\ 0 & \frac{1}{d_y} & 0 \\ 0 & 0 & 1 \end{bmatrix}$ 的矩阵相乘即为内参矩阵 M:

$$M = \begin{bmatrix} \frac{f}{d_x} & 0 & u_0 \\ 0 & \frac{f}{d_y} & v_0 \\ 0 & 0 & 1 \end{bmatrix} = \begin{bmatrix} f_x & 0 & u_0 \\ 0 & f_y & v_0 \\ 0 & 0 & 1 \end{bmatrix}$$
(6-22)

最后,通过图 6.13 来总结从世界坐标系到像素坐标系(不考虑畸变)的转换关系。

假设我们提供 K 个棋盘图像,每个棋盘有 N 个角点,于是我们拥有 $2KN$ 个约束方程。与此同时,在忽略畸变的情况下,需要求解 4 个内参矩阵和 $6K$ 个外参矩阵。也就是说,只有当 $2KN \geq 4+6K$ 时,即 $K(N-3) \geq 2$ 时,才能求出内参、外

参矩阵。同时,无论在一张棋盘上检测到多少个角点,由于棋盘上角点的规则布置使得真正能利用上的角点只有 4 个(在四个方向上可延展成不同的矩形),于是有当 $N=4$ 时,$K(4-3) \geqslant 2$,即 $K \geqslant 2$。也就是说,至少需要两张棋盘在不同方位的图像才能求解出无畸变条件下的内参矩阵和外参矩阵。实际上,在标定过程中,往往会在一张棋盘上布置更多的角点,因为这样就可以通过最小二乘法求得最优解了。同样地,至少也需要 10 张以上的棋盘图像,目的是考虑数值稳定性和提高信噪比,得到更高质量的结果。

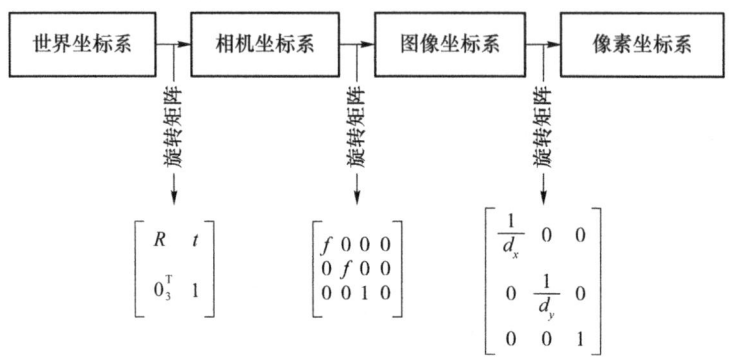

图 6.13 坐标转换示意图

前面已经得到了像素坐标系和世界坐标系下的坐标映射关系:

$$\begin{bmatrix} u \\ v \\ 1 \end{bmatrix} = s \begin{bmatrix} f_x & 0 & u_0 \\ 0 & f_y & v_0 \\ 0 & 0 & 1 \end{bmatrix} \begin{bmatrix} r_1 & r_2 & t \end{bmatrix} \begin{bmatrix} x_w \\ y_w \\ 1 \end{bmatrix} \quad (6\text{-}23)$$

这里引入的 s 为任意尺度的比例系数。这里引入一个单应性矩阵的概念,单应性矩阵描述了物体在世界坐标系和像素坐标系之间的相对位置关系(包含了内参矩阵和外参矩阵)。因此,在本章的研究中,将相机标定的单应性矩阵(从物体平面到成像平面)定义为

$$H = s \begin{bmatrix} f_x & 0 & u_0 \\ 0 & f_y & v_0 \\ 0 & 0 & 1 \end{bmatrix} \begin{bmatrix} r_1 & r_2 & t \end{bmatrix} \quad (6\text{-}24)$$

在不考虑透镜畸变情况下,求解内参矩阵和外参矩阵,根据上面的推导已经知道了单应性矩阵,即

第 6 章 基于多传感器融合的室内建图方法

$$H = sM[r_1 \quad r_2 \quad t] \tag{6-25}$$

先将 H 化为 $H = [h_1, h_2, h_3]$，再分解方程可得：

$$\begin{aligned} h_1 &= sMr_1 \\ h_2 &= sMr_2 \\ h_3 &= sMr_3 \end{aligned} \tag{6-26}$$

因为旋转向量 r_1 和 r_2 相互正交，由此可以得出每个单应性矩阵提供的两个约束条件，第一个是旋转向量点积为 0，即

$$r_1^T r_2 = 0 \tag{6-27}$$

用 h_1 和 h_2 替换 r_1, r_2 并化简可得：

$$h_1^T (M^{-1})^T M^{-1} h_2 = 0 \tag{6-28}$$

第二个是旋转向量的长度相等（旋转不改变尺度），即

$$\|r_1\| = \|r_2\| = 1, \text{ 即 } r_1^T r_1 = r_2^T r_2 \tag{6-29}$$

替换掉 r_1 和 r_2，可得：

$$h_1^T (M^{-1})^T M^{-1} h_1 = h_2^T (M^{-1})^T M^{-1} h_2 \tag{6-30}$$

这里设定

$$B = (M^{-1})^T M^{-1} = \begin{bmatrix} \dfrac{1}{f_x^2} & 0 & \dfrac{-c_x}{f_x^2} \\ 0 & \dfrac{1}{f_y^2} & \dfrac{-c_y}{f_y^2} \\ \dfrac{-c_x}{f_x^2} & \dfrac{-c_y}{f_y^2} & \dfrac{c_x^2}{f_x^2} + \dfrac{c_y^2}{f_y^2} + 1 \end{bmatrix} = \begin{bmatrix} B_{11} & B_{12} & B_{13} \\ B_{21} & B_{22} & B_{23} \\ B_{31} & B_{32} & B_{33} \end{bmatrix} \tag{6-31}$$

则可将两个约束条件转化为

$$\begin{cases} h_1^T B h_2 = 0 \\ h_1^T B h_1 = h_2^T B h_2 \end{cases} \tag{6-32}$$

由式 (6-32) 可知，两个约束条件的单项式均可写为 $h_i^T B h_j$ 的形式，同时易知 B 为对称矩阵，真正有用的元素只有 6 个（主对角线任意一侧的 6 个元素）。于是可展开为如下形式：

$$h_i^T B h_j = v_{ij}^T b = \begin{bmatrix} h_{i1}Bh_{j1} \\ h_{i1}Bh_{j2}+h_{i2}Bh_{j1} \\ h_{i2}Bh_{j2} \\ h_{i3}Bh_{j1}+h_{i1}Bh_{j3} \\ h_{i3}h_{j2}+h_{i2}h_{j3} \\ h_{i3}h_{j3} \end{bmatrix} \begin{bmatrix} B_{11} \\ B_{12} \\ B_{22} \\ B_{13} \\ B_{23} \\ B_{33} \end{bmatrix} \quad (6\text{-}33)$$

由此,两个约束条件可等价为 $v_{12}^T b = 0$,即

$$(v_{11}^T - v_{22}^T)b = 0 \quad (6\text{-}34)$$

$$\begin{bmatrix} v_{12}^T \\ v_{11}^T - v_{22}^T \end{bmatrix} b = 0 \quad (6\text{-}35)$$

从前面的讨论中可以知道,棋盘图像数目满足就可求出内、外参矩阵,此时 b 有解,于是由内参数 B 的封闭解和 b 的对应关系即可求解出内参数矩阵中的各个元素(具体形式这里不给出)。在得到内参后,可继续求得外参矩阵:

$$\begin{aligned} r_1 &= \lambda M^{-1} h_1 \\ r_2 &= \lambda M^{-1} h_2 \\ r_3 &= r_1 \times r_2 \\ t &= \lambda M^{-1} h_3 \end{aligned} \quad (6\text{-}36)$$

其中,由旋转矩阵的性质有:

$$\| r_1 \| = \lambda M^{-1} h_1 = 1 \quad (6\text{-}37)$$

则可得

$$\lambda = \frac{1}{M^{-1} h_1} \quad (6\text{-}38)$$

根据上述关系式,可以得到矫正畸变后的坐标和矫正畸变前的坐标的关系为

$$\begin{bmatrix} x_c \\ y_c \end{bmatrix} = (1 + k_1 r^2 + k_2 r^4 + k_3 r^6) \begin{bmatrix} x_p \\ y_p \end{bmatrix} \begin{bmatrix} 2p_1 x_p y_p + p_2(r^2 + 2x_p^2) \\ 2p_2 x_p y_p + p_1(r^2 + 2y_p^2) \end{bmatrix} \quad (6\text{-}39)$$

有了式(6-39)的对应关系,又已知相应的内、外参数,再利用大量给定的坐标数据即可进一步求得畸变系数。

6.5.2 二维码信息与地图信息的融合

为了得到室内更精准的地图信息,本章的研究方案使用二维码作为路标对室内的地图信息进行更正。在介绍二维码信息对地图信息进行矫正前,需要对二维码的特征构造以及如何正确有效地对二维码承载的数据进行解析进行相关介绍。

下面对二维码的特征构造进行相关介绍。二维码图形有其固定的特殊设计,如图 6.14 所示,A、B 和 D 区域为三个主要定位区域块,在解析二维码之前这三个区域块需要确定完毕。这三个区域块也被称作探测区域,如图 6.14 所示的摆放姿态称为二维码的原始姿态。

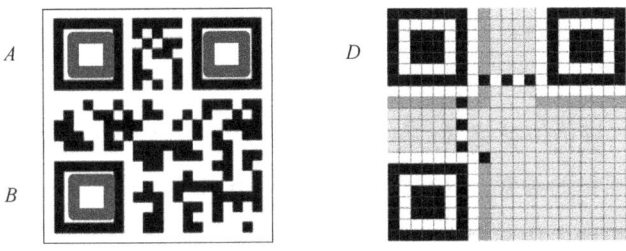

图 6.14 二维码姿态图

如何有效地确定 A、B 和 D 区域,有一个特别明显的特征点,如图 6.15 所示。

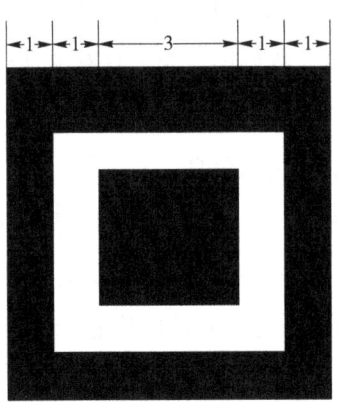

图 6.15 二维码特征示意图

三个角上的正方形区域从左到右、从上到下黑白比例为 1∶1∶3∶1∶1。利用该特征点即可快速定位到二维码的位置。

关于摄像头的标定工作已经在前面章节进行了相关的介绍,这里需要实际测量出二维码上的真实物理尺寸信息,然后通过线性函数估计的方法对摄像头到二维码的距离进行有效估计。

在对二维码进行定位后,需要对二维码所承载的信息进行解读。对二维码信息解读的过程主要分为五个部分。

(1) 定位图形。寻找探测图形,就是二维码上的三个区域块。这三个区域块的作用就是不管在哪个方向上扫描图形,都可以扫到,再通过二维码上的定位图形和分隔符确定二维码信息的图像。定位图形确定二维码中模块的坐标,二维码中的模块都是固定的,包括校正图形、版本信息、数据和纠错码。分隔符就是将探测图形与二维码信息图像分开。

(2) 灰度化二维码。去除其他颜色,就是说颜色深的按深灰处理,浅色的按浅灰处理。

(3) 去掉二维码信息像素的噪点。相机的传感器把光线作为接收信号,在输出过程中产生粗糙的像素。这些粗糙的像素是照片中不应该出现的干扰因素。噪点就是指这些粗糙的像素。

(4) 二维码信息像素二值化。二维码信息像素二值化是说将图像上像素灰度值设置为 0 或 255,也就是变成只有黑、白两种颜色。第(2)步已经灰度化变成只有深灰和浅灰两种颜色,现在二维码信息像素二值化是将深灰变成黑色、浅灰变成白色。二维码在二值化时会将二维码图像变成只有黑、白色的条码,然后根据解析公式等(因为像素是 0~255 之间的要全部转变成 0 或者 255,得经过一些计算,然后 0 就是 0、255 变为 1)转化成二进制信息。

(5) 二维码译码和纠错。将得到的二进制信息进行译码和纠错。得到的二进制信息是版本格式信息、数据和纠错码经过一定的编码方式生成的。所以译码是对版本格式信息、数据和纠错码进行解码和对比。纠错是和译码同时进行的,将数据进行纠错。

二维码的解析流程图如图 6.16 所示。

第 6 章 基于多传感器融合的室内建图方法

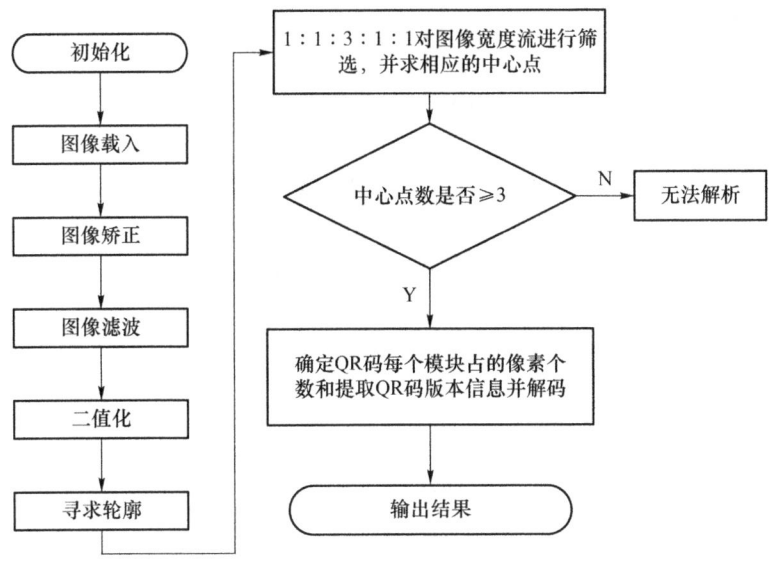

图 6.16 二维码的解析流程图

6.5.3 二维码位姿确立

将二维码的数据解析完毕之后，最后的任务是需要确定二维码在全局坐标系中的位姿情况。在实际应用摄像头解析二维码时，总会出现二维码相对于摄像头来说有一些角度的偏移。这样需要对二维码的偏转信息进行确定，在 ZBAR 包里面有一个可以直接获取二维码角度偏转信息的函数，直接利用该函数即可得到二维码的轮廓相对于摄像头的偏转角度，但是该偏转角度给出的范围只能在 0～90°之间，而机器人所处的角度范围在 0～360°之间，因此还需要对二维码的角度信息进行进一步的优化处理。这里需要巧妙利用二维码的特征信息，图 6.17 中的二维码可以看出，它有三个小的矩形轮廓，可以利用这三个矩形点的相对轮廓位置将二维码的角度信息进一步转化到 0～360°之间。

首先需要通过 ZBAR 库对二维码进行数据解析，对二维码上的三个矩形框进行标定，并逆时针给定标号 A,B,D，如图 6.17 所示。

图 6.17 二维码标定图

在标定完毕后,即可得到 A,B,D 各自的坐标信息,因为 ZBAR 库只能给出 AD 或 AB 连线和相机坐标系下 X 轴的旋转信息,因此利用该偏转角度信息和 A、B 两区域之间的位置坐标信息可以将旋转角度信息从 $0 \sim 90°$ 之间转换到 $0 \sim 360°$ 之间。在相机坐标系下,二维码的呈现方式有如下几种,如图 6.18 所示。

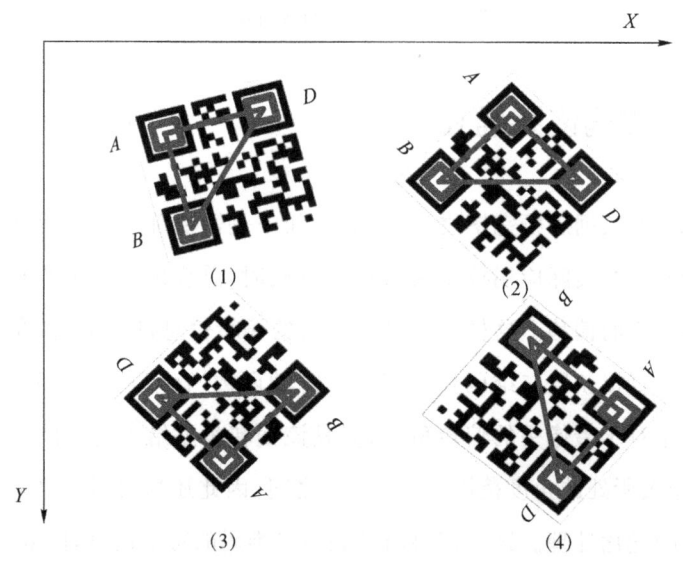

图 6.18 二维码的呈现方式

因此,本章规定当 AB 线与 Y 轴平行时,判定二维码的角度信息为 $0°$。针对此标准,顺时针旋转为角度增加方向,这里以(1)为例进行角度计算,由图 6.19 可以得到 A 区域中心点、B 区域中心点的坐标信息 (x_A, y_A),(x_B, y_B),还可得知 $x_A < x_B$,$y_A < y_B$,因此,通过 ZBAR 库得出的 AD 连线与轴的角度就是二维码的旋转角

度 ψ。同理(3)中的角度信息为$(180-\psi)°$。因此,针对二维码的角度判定可利用 A、B 两点的坐标大小来判定,并通过加减 180°、270° 的方式,将角度扩展到 0~360°。角度扩展如下:

$$
\begin{aligned}
&当\ x_A < x_B, y_A < y_B\ 时,不处理\\
&当\ x_A < x_B, y_A > y_B\ 时,180-\psi\\
&当\ x_A > x_B, y_A < y_B\ 时,180+\psi\\
&当\ x_A > x_B, y_A > y_B\ 时,270+\psi
\end{aligned}
\quad (6\text{-}40)
$$

图 6.19　二维码旋转角度图

在计算得出角度信息之后,下一步就是需要通过二维码上的距离信息反推出摄像头所在的位姿信息。简单来说,摄像头相对于二维码的位姿通过式(6-41)得出:

$$
\begin{pmatrix} x_b \\ y_b \end{pmatrix} = \begin{pmatrix} x_{qr} + d\cos\psi \\ y_{qr} + d\sin\psi \end{pmatrix}
\quad (6\text{-}41)
$$

其中,x_b, y_b 代表利用摄像头相对于二维码所在的坐标,x_{qr}, y_{qr} 表示利用摄像头解析出的二维码的路标信息,d 可由小孔成像原理进行计算得到,ψ 代表二维码相对于摄像头的偏转角度。

在获取到二维码的位姿状态和所承载的地理位置信息后,需要做的就是将二维码的数据信息进行整合成一个话题,并通过 tf 机制发送到 ROS 的主控制节点端口——Master。

这里需要对 ROS 终端的节点话题机制其进行一个相关介绍。计算图级是 ROS 处理数据的一种点对点的网络形式。ROS 节点管理方式如图 6.20 所示。当节点发布一个信息时会直接通知节点管理器。节点管理器在接收到相应的信息后就会反复查看是否有其他节点来订阅该节点所发出的信息。若查询有相应的节点来订阅消息,节点管理器就会起到类似于接线员的作用,将两个节点进行对接。

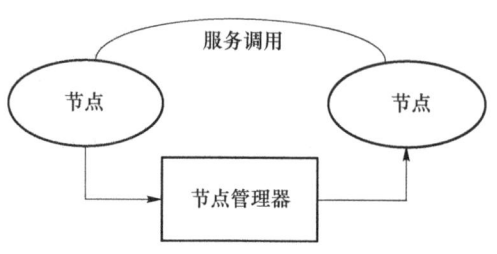

图 6.20　ROS 节点管理方式

节点可以发布或接收一个话题,节点也可以提供或使用某种服务。一个机器人控制系统由许多节点控制包组成,如控制激光雷达传感器驱动的节点、摄像头传感器数据解析的节点等。

节点管理器是 ROS 名称服务,能够帮助节点找到彼此。节点通过与节点管理器通信来报告它们的注册信息。值得注意的是,当这些节点和节点管理器通信时,它们可以接收其他注册节点的信息,并能保持通信正常。当这些注册节点的信息改变时,节点管理器也会回调这些节点。所以,没有节点管理器,节点将不能相互找到,也不能进行消息交换或者调用服务。

话题是用于识别消息的名称。节点可以发布消息到话题,也可以订阅话题以接收消息。一个话题可能对应许多节点作为话题发布者和话题订阅者。当然,一个节点可以发布和订阅许多话题。当一个节点对某一类型的数据感兴趣时,它只需订阅相关话题即可。一般来说,话题发布者和话题订阅者不知道对方的存在。话题发布者将信息发布在一个全局的工作区内,当话题订阅者发现该信息是它所订阅的,就可以接收到这个信息。

在话题发布之后,需要经过 TF 变换才能将消息有效地发布到 Master 主控制节点上面。TF 变换可以帮助用户在任意时间,将点、向量等数据的坐标,在两个参考系中完成坐标变换。一个机器人系统通常有很多三维的参考系,而且会随着时间的推移发生变化,如全局参考系(world frame)、机器人中心参考系(base frame)、机械夹参考系(gripper frame)、机器人头参考系(head frame)等。TF变换可以以时间为轴,跟踪这些参考系(默认是10 s之内的),并且允许用户提出如下申请:

(1) 在5 s之前,机器人头参考系相对于全局参考系的关系是什么样的?
(2) 机器人夹取的物体相对于机器人中心参考系的位置在哪里?
(3) 机器人中心参考系相对于全局参考系的位置在哪里?

tf可以在分布式系统中进行操作,也就是说一个机器人系统中所有参考系的变换关系,对于所有节点组件都是可用的,所有订阅tf消息的节点都会缓冲一份所有参考系的变换关系数据,所以这种结构不需要中心服务器来存储任何数据。在经过TF变换后,即可将摄像头采集的数据进行传递。将数据进行发布后,就需要对Gmapping建图算法进行一定的修改。首先,需要将Gmapping的算法程序包从Github上进行下载;其次,需要修改增添接收摄像头发过来的数据;最后,订阅发布的节点信息,将传回的摄像头的数据和里程计的数据进行融合后即可对里程计的误差进行修缮,进而提高地图的创建精度。

6.5.4 系统实验

为了验证算法的有效性,本章在搭建的移动平台上面进行实验操作,该平台是基于ROS系统进行的算法实现,装载了激光雷达传感器、摄像头传感器和里程计传感器。本章的研究在北京工商大学耕耘楼9层进行实验验证所提算法的有效性。验证的实验环境地图如图6.21所示。图6.22是室内实际环境图,其中点A代表移动平台的起始位置点。

在室内实际环境中,移动机器人执行建图实验。本章的研究利用传统的不加二维码矫正的Gmapping建图算法进行实验研究。使用移动机器人从点A出发,贯穿整个地砖区域让其进行建立室内地图,该区域长为22 m,宽为3 m,如图6.23所示。

将移动平台放置在点A处,操控搭建的移动平台在室内进行行驶。在行驶过程中,激光雷达会对周围的环境信息进行采集,此时不需要启动摄像头节点。

只是通过里程计和激光雷达所采集的环境信息进行室内建图的实验。

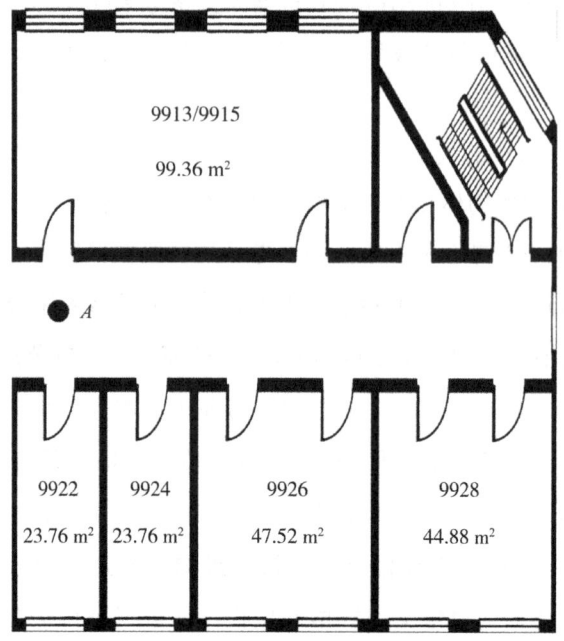

图 6.21 室内实际地图

图 6.22 室内实际环境

第 6 章　基于多传感器融合的室内建图方法

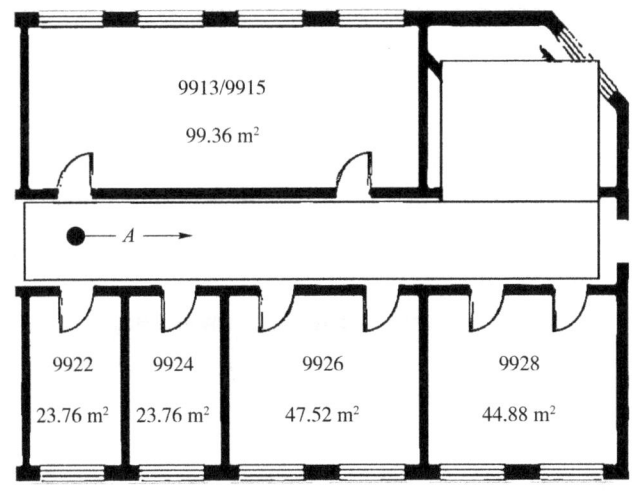

图 6.23　建图实际区域

将机器人放置在点 A 处,并以点 A 为建图原点,让机器人移动平台在室内进行自由移动。机器人移动平台在室内来回行走几个周期后,利用 ROS 系统下的 RVIZ 可视化软件查看绘制地图的信息。经过多个周期的数据采集后,得到的实验效果如图 6.24 所示,通过该图可以发现里程计的误差已经累积到明显影响室内建图的精度,出现了较大的误差和地图失真情况。

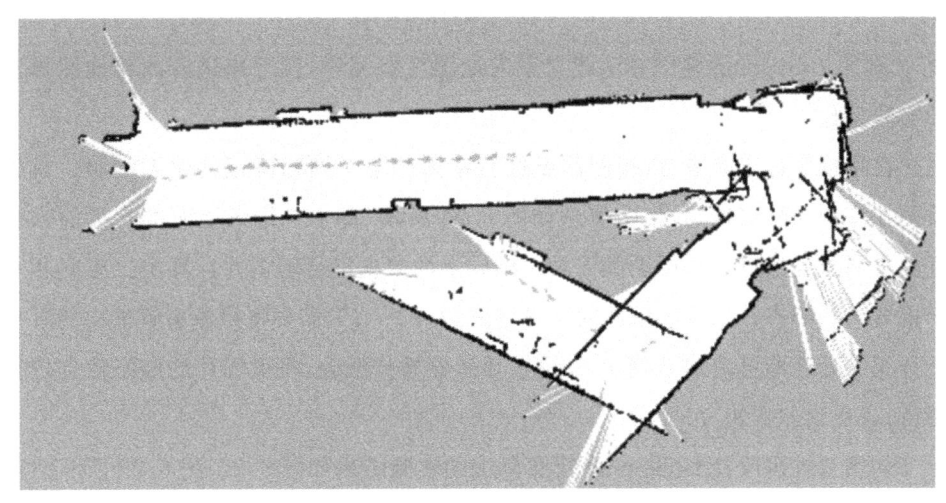

图 6.24　室内实际建图实验

为了在数据上来说明建图的精度,需要利用 ROS 系统下的 rqt_console 软件包来对地图进行数据读取,标注出所建地图的大小。最后比较实际场所和机器人移动平台所搭建地图大小的误差。本章的研究评判建图算法的指标是通过地图上面的 4 个特殊点的位置进行判定的,如图 6.25 所示,选取这 4 个特殊点主要是因为这 4 个点所处的位置容易测量,而且这 4 个点是机器人移动了一段时间后到达的位置,此刻若不加二维码信息进行矫正,那么里程计的误差会相较于初始点的误差会更加明显,更容易评判建图的效果。

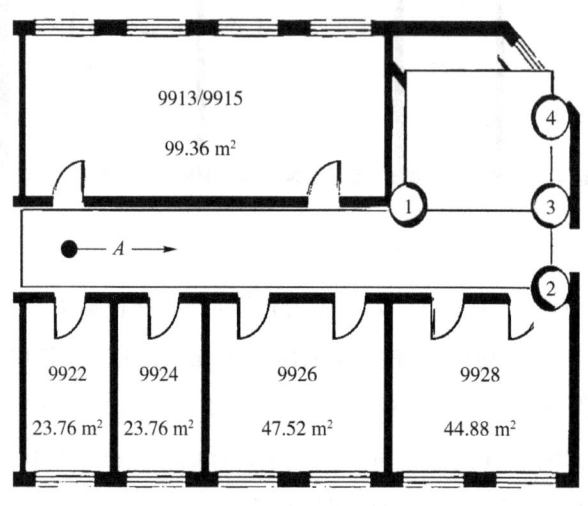

图 6.25　室内地图判定

利用 Gmapping 建图算法建立室内地图实验完毕,接下来进行改善地图算法的实验操作。

在摄像头标定完毕后,接着需要进行室内基于二维码矫正的建图实验。首先需要在室内张贴二维码,张贴信息如图 6.26 所示,每个二维码上面都有提前布置好的全局位姿信息。利用摄像头对二维码上的数据进行解析并计算出二维码相对于机器人的姿态。二维码承载的信息格式为 (x,y),只需要将摄像头解读出的数据进行相关处理即可传到里程计,并进行传感器数据融合,将里程计的姿态信息进行更新,避免误差累积。

利用二维码改善 Gmapping 建图算法的实验结果如图 6.27、图 6.28 所示。其中,图 6.27 表示机器人移动平台经一次行走后得到的建图效果,图 6.28 代表机器人移动平台经多次来回、反复的行走并进入了室内的一些区域,且更进一步扩展了室内的建图范围后得到的结果。通过对比可以发现,尽管机器人已经在室内进行

|第 6 章| 基于多传感器融合的室内建图方法

了长时间且多次的建图实验,并且不断更新周围的地图,地图形状效果都没有明显地出现畸变情况。

图 6.26　张贴二维码的室内信息图

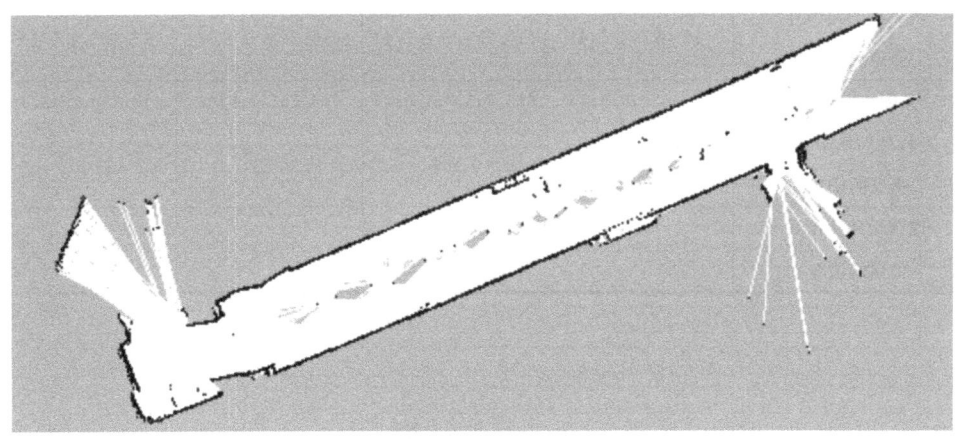

图 6.27　室内一次行走后的建图效果

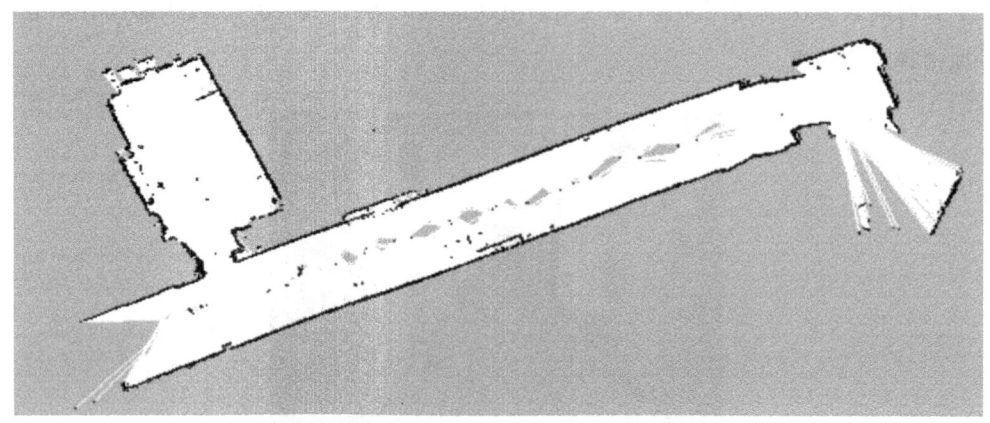

图 6.28 室内多次行走后的建图效果

最后,本章的研究对传统的建图算法和改善后的建图算法进行了数据对比,并将其所得误差进行了列表统计见表 6.1。

表 6.1 传统的建图算法与改善后的建图算法误差对比表

地图类别	1	2	3	4
传统的建图算法得到的坐标/m	(16.315,0.609)	(18.412,−1.175)	(18.367,1.132)	(18.375,2.512)
改善后的建图算法得到的坐标/m	(16.029,0.544)	(18.295,−1.074)	(18.325,1.014)	(18.335,2.471)
实际地图坐标/m	(15.929,0.514)	(18.265,−1.014)	(18.265,1.014)	(18.265,2.431)
传统的建图算法得到的误差/m	0.158	0.216	0.155	0.357
改善后的建图算法得到的误差/m	0.104	0.067	0.060	0.081

本 章 小 结

机器人在室内进行建图时,由于里程计的累积误差效应容易导致室内建图精度不高,针对此问题本章对其进行了相关的研究,利用容易获取的二维码对里程计的信息进行实时更正。首先,本章对激光雷达传感器与里程计模型以及室内机器人建图的原理进行了详细介绍;其次,对相机标定技术的原理进行了相关介绍,并对相机的标定流程进行了详细叙述;再次,利用相机标定技术的原理对摄像头进行精准的标定;最后,使用摄像头对二维码的位姿信息进行精准识别,并将其数据进行打包发送至主控制节点端口,将里程计的数据信息和二维码的位姿信息进行有效融合。

第 7 章
基于激光的移动机器人建图和导航方法

7.1 引　　言

本章主要针对在已知地图中实现室内自主导航的功能,从自身所处位姿的确定、局部路径的规划以及全局路径的规划过程等方面对导航算法进行了相关介绍。首先,本章介绍了在平台上实现室内自主导航算法的过程,包括如何通过全局路径算法对路径进行规划,如何实现动态避障;其次,介绍了在移动平台融入二维码的信息,使其能够在机器人长时间工作后仍旧能够准确定位到位姿目标点。

7.2　全局路径规划算法

全局路径规划算法主要分为两种,即一种是迪杰斯特拉(Dijkstra)算法[61];另一种是 A* 算法[62]。

7.2.1　迪杰斯特拉算法

迪杰斯特拉算法是由荷兰的一个计算机科学家狄克斯特拉提出的。该算法描述的是从一个顶点到其余各顶点的最短路径算法,用来解决如何在有向图中寻求最短路径的问题。迪杰斯特拉算法寻求最优路径的方法是将起始点作为中心点，一步一步向外扩展，直到扩展到终点为止。迪杰斯特拉算法使用广度优先搜索解决赋权有向图的单源最短路径问题，可以得到从第一个结点到其他所有结点的最短路径问题。

迪杰斯特拉算法的输入包含了一个有权重的有向图 G，以及 G 中的一个来源顶点 S。这里以 V 表示 G 中所有顶点的集合，每一个图中的边，都是两个顶点所形成的有序元素对。(u,v) 表示从顶点 u 到顶点 v 有路径相连，这里以 E 表示 G 中所有边的集合，而边的权重则由权重函数 $w.E$ 进行描述，参数范围是 $0\sim+\infty$，因此，$w(u,v)$ 就是从顶点 u 到顶点 v 的非负权重（weight）。边的权重可以作为两个顶点之间的长度或距离。任两点间路径的权重，就是该路径上所有边的权重总和。该算法解析可以通过图 7.1 和表 7.1 进行阐述和说明。

若两点之间有连接线，则根据连接线上的权重值进行计算；若没有连接线，则两点之间的权重为无穷大。这里以 0 为起点，2 为目标位置点为例进行仿真说明。首先，需要列出从 0 到 2 可能的路径集合，根据图 7.1 所示线段可找出相关的可行集合分别为{0,2}、{0,1,2}、{0,4,3,2}、{0,4,3,1,2}四个组合。其次，将该四个组合上的权重值进行累加，分别可以得到第一个集合的权重值为 30，第二个集合的权重值为 160，第三个集合的权重值为 70，最后一个集合的权重值为 130，比较各组合的权重值找出最小的权重值，即为路径最优的曲线。

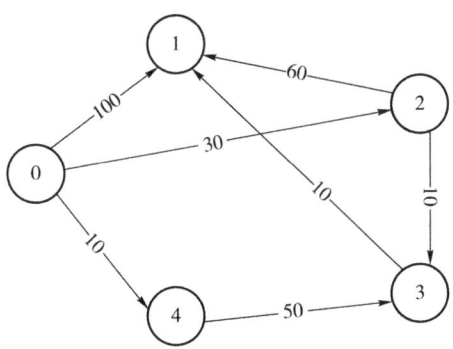

图 7.1 迪杰斯特拉算法解析图

表 7.1 迪杰斯特拉算法分析表

迭代	S 集合	V 集合	Dist(1)	Dist(2)	Dist(3)	Dist(4)
初始	{0}	{1,2,3,4}	100	30	无穷	10
1	{0,4}	{1,2,3}	100	30	60	10
2	{0,4,2}	{1,3}	90	30	60	10
3	{0,4,2,3}	{1}	70	30	60	10
4	{0,4,2,3,1}	{}	70	30	60	10

具体的仿真实验如图 7.2 所示。简单来说,迪杰斯特拉算法就是迭代搜索单元周围的单元。该结点集从初始结点向外扩展,直到到达目标结点。

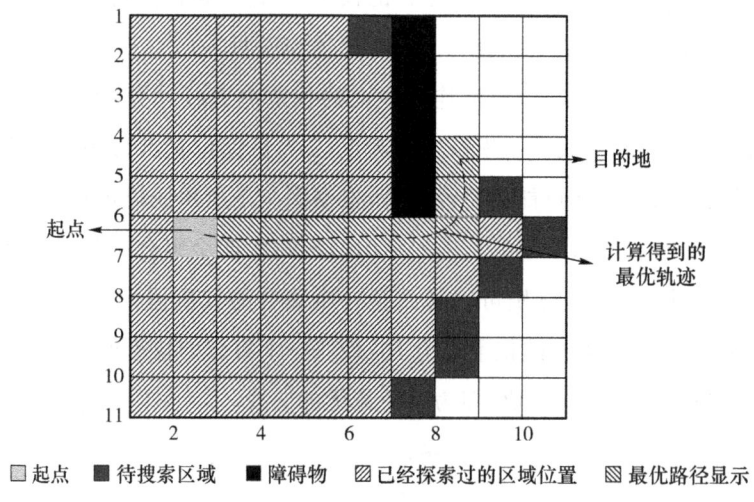

图 7.2 迪杰斯特拉算法模拟仿真图

7.2.2 A* 算法

A* 算法是一种在具有多个节点的图形平面上,求出最低通过成本的算法。该算法综合了 Best-First Search 和 Dijkstra 算法的优点:在进行启发式搜索提高算法效率的同时,可以保证找到一条最优路径。在此算法中,如果以 $g(n)$ 表示从起点到任意顶点 n 的实际距离,$h(n)$ 表示任意顶点 n 到目标顶点的估算距离(根据所采用的评估函数的不同而变化),那么 A* 算法的估算函数为

第 7 章 基于激光的移动机器人建图和导航方法

$$f(n) = g(n) + h(n) \tag{7-1}$$

式(7-1)遵循以下特性。

(1) 如果 $g(n)$ 为 0，即只计算任意顶点 n 到目标的评估函数 $h(n)$，而不计算起点到顶点 n 的距离，A^* 算法的执行速度最快，但有可能得不出最优解。

(2) 如果 $h(n)$ 不高于实际到目标顶点的距离，则一定可以求出最优解，而且 $h(n)$ 越小，需要计算的节点越多，A^* 算法的效率越低。常见的评估函数有——欧几里得距离、切比雪夫距离。

(3) 如果 $h(n)$ 为 0，即只需求出起点到任意顶点 n 的最短路径 $g(n)$，而不需计算任何评估函数 $h(n)$，则转化为单源最短路径问题，即 Dijkstra 算法，此时需要计算最多的顶点。

对式(7-1)的解释也可通过图 7.3 进行展示说明。深灰色的区域为带探索的区域，F、G 和 H 的表示已经在图中进行了标注，因此这里只需要通过比较 F 值的大小就可以得出一个最优的路径。

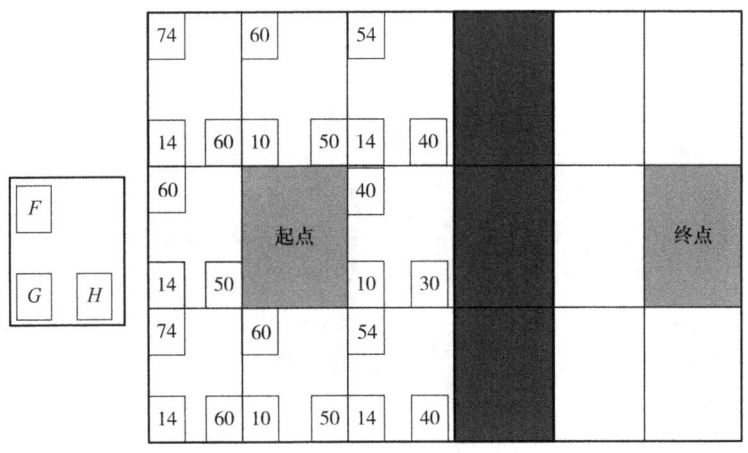

图 7.3 A^* 算法展示图

A^* 算法的步骤流程如下。

(1) 把点 A 加入开放列表(open list)，这个开放列表类似于一个购物清单，是一个待检查的方格列表，该列表是由点 A 周围的可走点放入一个小堆为结构组成的，并把它们的父节点指向点 A。

(2) 重复相关的过程：

首先，需要遍历开放列表，查找 F 值最小的节点，把它作为当前要处理的节点。

其次,把这个节点放入到封闭列表(close list)中,多对当前方格周围的相邻方格进行判定。如果该方格是不可抵达的区域或者在封闭列表中,则忽略它;如果是可抵达的区域,则继续进行下面操作。

如果它不在开放列表中,需要把它加入开放列表中,并且把当前方格设置为它的父方格,记录该方格的 F、G 和 H 值。如果它已经在开放列表中,则需要检查这条路径是否更好,用 G 值作参考。更小的 G 值表示这是更好的路径。如果是这样,把它的父方格设置为当前方格,并重新计算它的 G 值和 F 值。如果开放列表是按 F 值排序的话,改变后可能还需要进行重新排序。

然后停止,当终点出现在开放列表中时,说明此时路径已经找到。若总是无法把终点加入开放列表中,则说明查找终点失败,并且开放列表是空的,此时没有找到合适的路径。

最后一步操作是需要将路径进行保存。从终点开始,每个方格沿着父节点移动直至起点,这就是你的路径。

图 7.4 为 A* 算法的 matlab 仿真图。

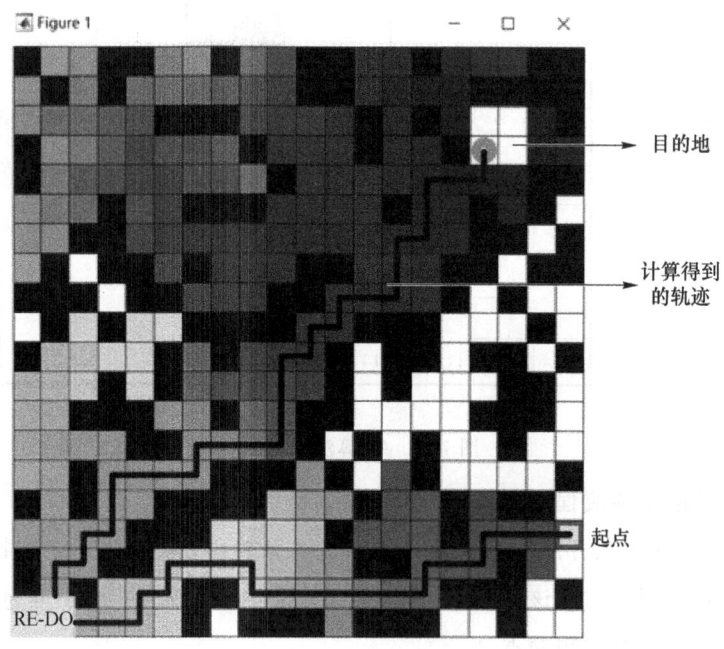

图 7.4　A* 算法的 matlab 仿真图

对于小地图来说，A*算法可以很好的工作，它可以自动给出花费最小的、最短的路径，但它不会自动给出最平滑的路径。针对本章的研究来说，A*算法是一个可采纳的最好优先算法。

对比上述的两种路径规划算法，迪杰斯特拉算法的所需要执行的时间更长，效率很低，但是总会找出一个最短路径。而A*算法的运行效率更高，它的启发式函数可以引导搜索的方向，不同的$h(n)$对路径规划会有不同的影响，这里可以根据期望的效果来对$h(n)$函数进行相应的选取。

7.3 局部路径规划算法

基于激光测距仪的自主机器人的局部路径规划，即避障行为主要包括决策和控制两部分。常见的避障算法有人工势场法、基于模糊逻辑的路径规划、动态窗口法（DWA）、基于遗传算法的路径规划和局部导航等。在ROS中主要采用动态窗口法来实现机器人的避障功能。

动态窗口法主要是在速度(v,w)空间中采样多组速度，并模拟机器人在一定时间内轨迹。在得到多组轨迹后，再对这些轨迹进行参考评价。最后选取最优轨迹所对应的速度来驱动机器人运动，动态窗口法最突出的特点是：依据移动机器人的加、减速性能，能将速度采样空间限定在一个可行的动态范围内。

在前一章节已经提出了机器人的运动模型，接下来讲述如何取采样速度。在速度(v,w)的二维空间中，存在无穷多组速度，但是根据机器人本身的限制和环境限制可以将采样速度控制在一定的范围之内，移动机器人受到自身最大速度和最小速度的限制，即：

$$V_m = \{v \in [v_{\min}, v_{\max}], w \in [w_{\min}, w_{\max}]\} \qquad (7\text{-}2)$$

移动机器人也受电机性能的影响。由于电机的力矩有限，存在最大的加减速限制，因此在移动机器人轨迹前向模拟的周期内，存在一个动态窗口，在该窗口内的速度是机器人能够实际达到的速度，即

$$V_d = \{(v,w) | v \in [v_c - \dot{v}_b \Delta t, v_c + \dot{v}_a \Delta t] \wedge w \in [w_c - \dot{w}_b \Delta t, w_c + \dot{w}_a \Delta t]\}$$

$$(7\text{-}3)$$

其中，v_c, w_c 是机器人的当前速度，其他标志对应最大加速度和最大减速度。基于机器人安全的考虑，在执行 DWA 路径规划时，预估的碰撞位置可能会出现一些偏差，而且 VA 也不一定都会处于安全范围内，为了能够在碰到障碍物前停下来，因此在最大减速条件下，速度有一个范围。但是需要注意的是：这个条件不是在采样的一开始就可以得到的，需要提前模拟出机器人的轨迹后找到障碍物的位置，计算出机器人到障碍物之间的距离，然后根据当前的采样速度判断能否在碰到障碍物之前停下来。如果能停下，那这个速度是可接受的；如果不能停下来，那这个速度就该抛掉。即：

$$V_a = \{(v,w) | v \leqslant \sqrt{2 \text{dist}(v,w) \dot{v}_b}, \quad w \leqslant \sqrt{2 \text{dist}(v,w) \dot{w}_b} \} \quad (7-4)$$

在 ROS 下的 DWA 应用中，使用了窗口的采样速度，如果某条轨迹上存在障碍物，采用直接丢弃这条轨迹的方式，如图 7.5 所示。

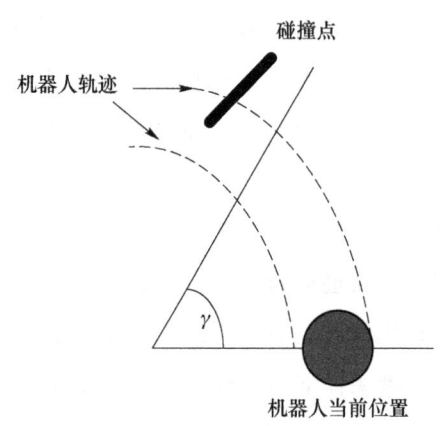

图 7.5 局部路径规划算法效果图

DWA 算法可以较好地完成避障任务，但是在全局路径规划和局部路径规划同时作用的情况下，在某些特殊场合，会出现机器人无法寻求到正确路径的问题。比如，在机器人进行导航时，经过的路径特别狭窄，此时的路径只能是唯一的，如果在该路径上突然出现一个障碍物，那么机器人就会在原地进行打转，处于一种震荡状态。当遇到该情况时，就需要重新进行路径规划任务。通过机器人的旋转对周围的环境进行重新辨识并以当前的位置点作为初始点，使用 A* 算法重新规划全局路径，并退出异常处理程序。

7.4 导航实验

首先进行导航试验的研究是在地图创建好的基础之上进行的,这里需要提前将前面建立好的地图载入到导航算法包里。本实验是从点 A 进行出发,随机选取一些位置,但是为了方便验证算法的有效性和精度,本章特选取了 5 个二维码的位置坐标,查看机器人能否自主导航到提前布置好的位置点并读出在该位置的位置信息,最后和实际的位置进行对比,以便得到定位的精度。本实验中,所选取的 5 个点的位置坐标分别是(5.923,0.514),(9.047,0.514),(13.537,0),(16.929,0),(17.984,0),并规定好了机器人的移动顺序和方向,如图 7.6 所示,点 A、B、C、D 和 E 为选取的 5 个点的位置,并在该实验环境下进行系统实验。

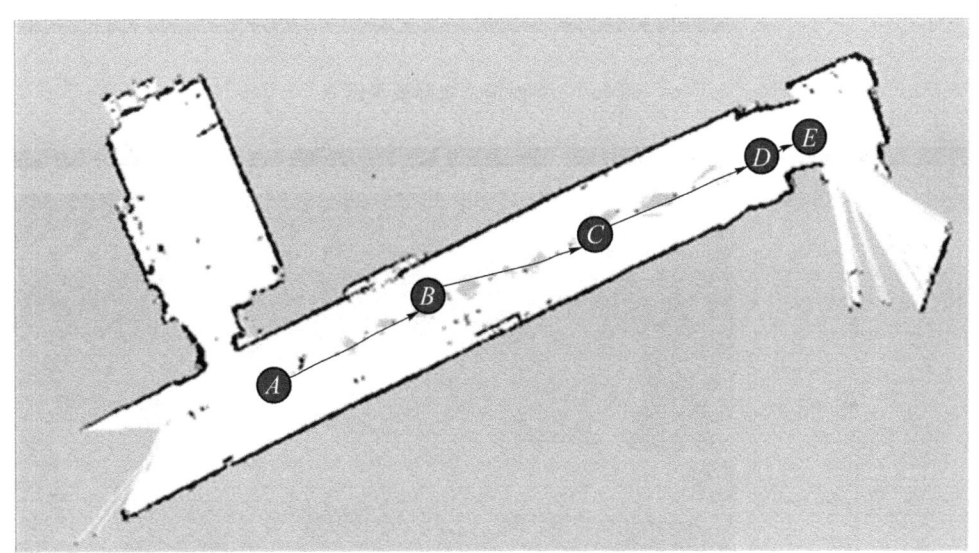

图 7.6 室内导航定位实验效果图

图 7.7 中的小方块代表机器人移动平台目前所处的位置,即实际搭建的该平台在室内的具体地点。从该点出发,根据 A* 路径规划算法得出,需要向点 B 进行移动,其中线条代表机器人在到达目的地的过程中所规划出的一条接近最优的路径。

在该机器人移动平台到达点 B 后,接着给其下一个目标指令地点,该平台会立刻进行路径规划,朝指定的地点前进,如图 7.8 所示。

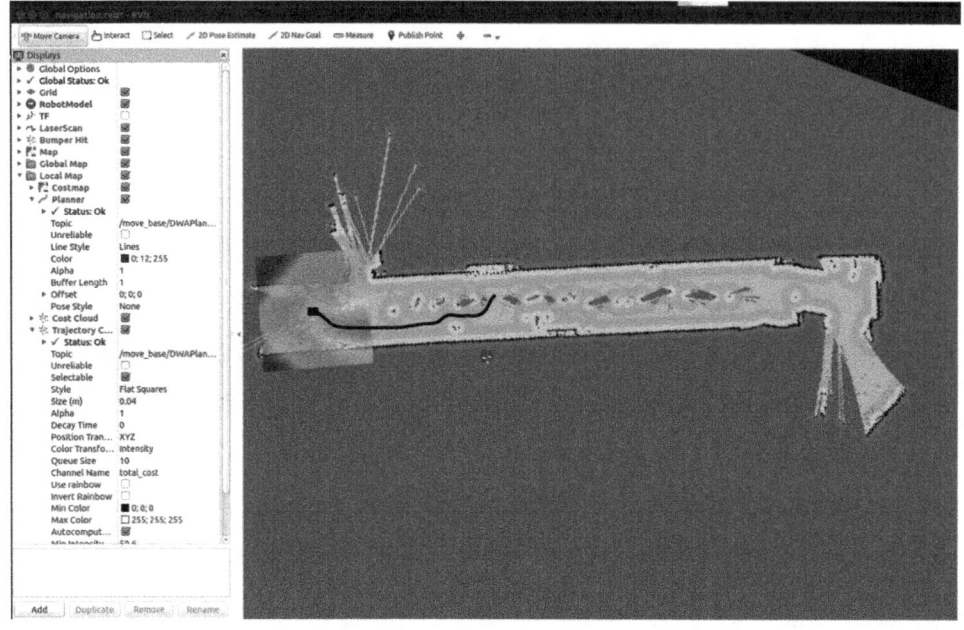

图 7.7 室内定位实际效果图

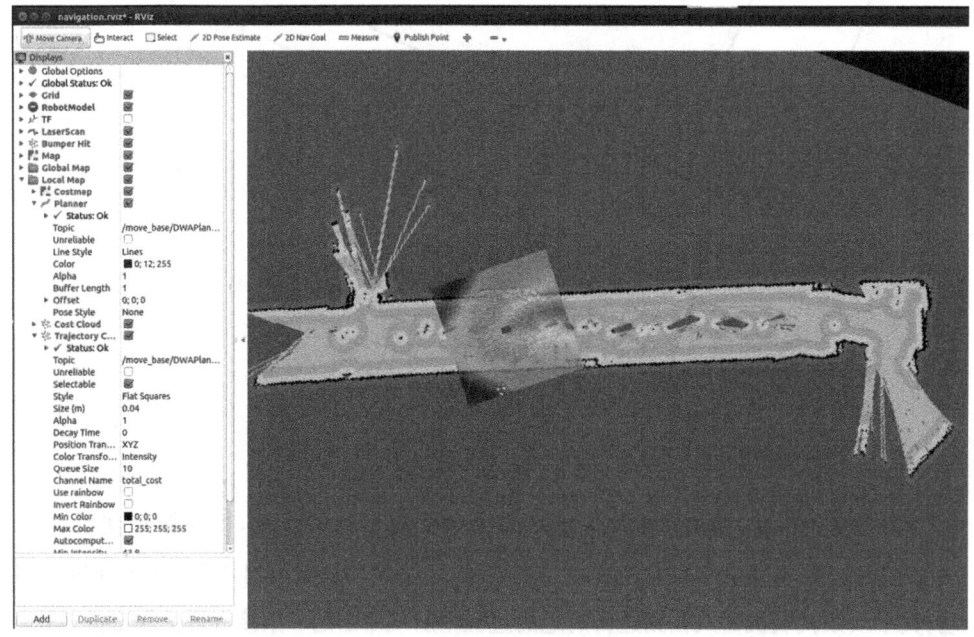

图 7.8 室内路径规划效果图

第7章 基于激光的移动机器人建图和导航方法

在导航定位的过程中,本章选取了5个点作为参考定位的精度,即在图中标定的5个点的位置可以提前预知,然后利用机器人导航时到达目标的位置后,会反馈一个所到达目标点的位置信息。根据该位置信息和实际位置信息的对比,见表7.2,即可得到定位的误差,可以发现定位误差稳定在20 cm左右,满足导航的需求。

表 7.2 导航误差对比

坐标导航点	点 A	点 B	点 C	点 D	点 E
导航的位置坐标/m	(6.121,0.542)	(9.256,0.532)	(13.754,0.131)	(17.093,0.131)	(18.084,0.127)
实际位置坐标/m	(5.923,0.514)	(9.047,0.514)	(13.537,0)	(16.929,0)	(17.984,0)
误差/m	0.199	0.209	0.253	0.210	0.162

本 章 小 结

本章通过以自行搭建的室内移动机器人SLAM和导航系统为载体,对室内基于激光雷达的移动机器人建图和导航算法进行相关的理论研究和算法实现。

首先,本章在理论上对室内建图算法的模型进行分析,对激光雷达传感器模型进行了相关的分析,阐述了传感器的相关工作机理;其次,对室内建图的Gmapping算法原理进行了解析,指出该算法存在的弊端,并在该建图算法的基础上提出自己的改善方案;最后,在导航定位的过程中本实验选取了5个点作为参考定位的精度,即在图中标定的5个点的位置可以提前预知,然后利用机器人导航到达目标的位置后,会反馈一个所到达目标点的位置信息,方案得到验证。

第 8 章
基于 INS 误差的校正方法研究

8.1 引　　言

惯性器件主要包括三轴加速度计和三轴陀螺仪。受到技术方法和工艺水平的限制,惯性器件不可避免地包含多种系统误差和随机误差,同时,环境因素的影响使得这些误差变得更为复杂。通常,惯性器件在出厂前已经进行了一系列的实验室标校程序,大部分系统误差得到了补偿,残余的部分则需要通过建模进行在线估计,此外,惯性器件还包含各种幂律谱的随机噪声,无论是系统误差还是随机误差,最终都将由三轴加速度计和三轴陀螺仪的观测值反映出来。惯性器件的系统误差主要包括零偏误差、比例因子误差、非正交误差、相关误差和其他高阶非线性误差等,这些系统误差与器件设计原理、工艺制造水平、内部电子元件、环境温度、电磁效应、载体振动等众多因素相关。

8.2　INS 力学编排算法

8.2.1　INS 力学编排算法描述

INS 力学编排算法的实现是在捷联惯导系统下完成的,通过捷联惯导系统下的传感器数据进行建模分析,得到被测物体在运动过程中的位置、速度和角度信息[63]。捷联惯导系统在硬件上主要包括的惯性元器件有:加速度传感器和陀螺仪。两者的共同点是都包含了 x,y,z 三个方向,可以分别测量各个方向上的数据,并且都要安装在被测物体上的。两者的不同点在于加速度传感器主要是用于测量物体运动时的加速度大小,在短时间内可以对运动物体的加速度进行较为准确的测量,但随着物体运动时间的增加,加速度传感器会产生漂移,导致测量的物体加速度值产生误差;而陀螺仪可以用来测量物体运动的角速度大小,可以实时获取物体的运动方位,我们可以根据各个传感器的数据获取 INS 力学编排算法所需要的测量值。INS 力学编排算法主要使用的数据有:在没有运动前被测物体的加速度值和角速度值,和在运动过程中被测物体的加速度值和角速度值。将这些数据带入 INS 力学编排算法中的微分方程中,从而实现不断更新迭代,得到运动物体的位置、速度和角度信息,算法具体流程如图 8.1 所示。

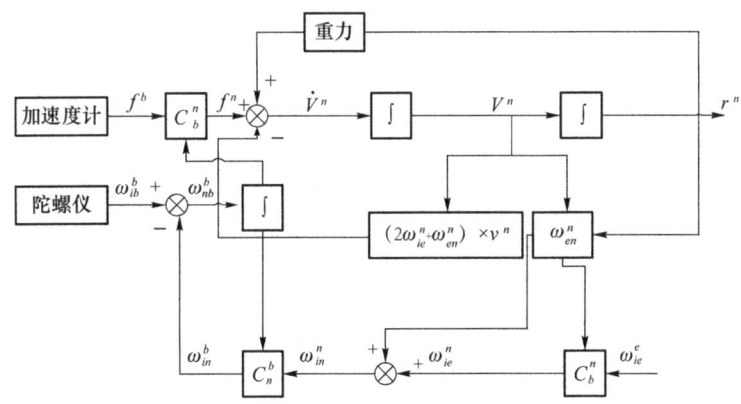

图 8.1 INS 力学编排算法流程图

图 8.1 中,每个量上标的 b 和 n 代表了我们在第一章介绍的不同坐标系,b 为载体坐标系,也就是被测物体以物体本身所创建的坐标系,n 为导航坐标系,也就是我们平时的东北天导航坐标系。在求物体运动过程中的位置和速度信息时,首先,需要将加速度传感器读取的加速度数据 f^b,经过姿态矩阵 C_b^n 转换到导航坐标系下得到 f^n。其次,为了获取经纬度信息,而不是相对位置信息,将地球重力、地球自转角速度 ω_{ie}^n 等信息考虑在内,结合物体前一时刻的速度信息,对加速度进行一次积分,获取导航坐标系下物体下一时刻的速度信息 V^n,再对速度信息 V^n 进行积分,即可获取物体的位置信息[64]。在求物体运动过程中的姿态角时,需要将载

体坐标系下的地球自转角速度 ω_{ie}^e，经过姿态矩阵转换到导航坐标系下，得到导航坐标系下的地球自转角速度 ω_{ie}^n，结合物体在地球曲面产生的角速度 ω_{en}^n，通过姿态矩阵，叠加得到导航坐标系的角速度 ω_{in}^b，然后将陀螺仪测量值 ω_{ib}^b 结合，得到我们需要的导航坐标系下的角速度 ω_{nb}^b。最后，利用 ω_{nb}^b 与姿态矩阵求物体在运动过程中的姿态角信息，INS 力学编排算法具体如下：

$$\begin{bmatrix} \dot{r}^n \\ \dot{v}^n \\ \dot{C}_b^n \end{bmatrix} = \begin{bmatrix} D^{-1} v^n \\ C_b^n f^b - (2\omega_{ie}^n + \omega_{en}^n) \times v^n + g^n \\ C_b^n (\omega_{ib}^b \times) - (\omega_{in}^n \times) C_b^n \end{bmatrix} \tag{8-1}$$

其中，$D = \mathrm{diag}([R_m + h \; (R_n + h)\cos\varphi \; -1])$，$r^n = [\varphi \; \lambda \; h]^T$，$v^n = [v_N \; v_E \; v_D]^T$，$\varphi, \lambda, h$ 分别代表物体在运动过程中的纬度、经度和高度，v_N, v_E, v_D 代表物体在运动过程中的北向、东向和地向速度，g^n 为重力，R_m 为地球子午圈的曲率半径，R_n 为地球卯酉圈的曲率半径。

8.2.2 微分方程求取方法

在求取微分方程时，龙格-库塔法经常被使用，它是一种精度较高的分步迭代的方法。其基本思想是利用微分方程和步长构造斜率，并对每个斜率进行加权求和，得到最终的更新结果。而在实际问题中，鉴于考虑计算的速度与复杂度的问题，使用最多的是它的四阶形式[65]。具体计算过程如下：

$$y' = f(t, y), y(t_0) = y_0 \tag{8-2}$$

针对式(8-2)的问题，由四阶龙格-库塔法可得：

$$y_{k+1} = y_k + \frac{h}{6}(k_1 + 2k_2 + 2k_3 + k_4) \tag{8-3}$$

其中，

$$\begin{aligned} k_1 &= f(t_n, y_n) \\ k_2 &= f\left(t_n + \frac{h}{2}, y_n + \frac{h}{2}k_1\right) \\ k_3 &= f\left(t_n + \frac{h}{2}, y_n + \frac{h}{2}k_2\right) \\ k_4 &= f(t_n + h, y_n + hk_3) \end{aligned} \tag{8-4}$$

其中，t 为当前时刻，h 为更新的步长且其通常与传感器采样周期相同，式中 $f(t, y)$

为力学编排微分方程。在计算过程中,初值 y_0 为已知值,即初始经度、纬度、高度、东向、北向、地向速度、姿态角。在得到微分方程初值 y_0 之后,即可按照预设的上述方法更新步长,继续计算下一时刻,依次迭代更新。

8.2.3 INS 力学编排算法实现

本实验选择上述惯导系统北方位的捷连惯导系统,数据为四轴飞行器在空中飞行 10 min 的数据。根据上述 INS 力学编排算法,所需初值有:采样周期 0.01 s;地球自转角速度 $7.292\,115\,1\times10^{-5}$;初始姿态角 [0.120 992 605° 0.010 445 947° 91.637 207°];初始经度 116.344 69°;初始纬度 39.975 17°;初始高度 30 m;飞行器的初始速度[0 0 0];地球长半径 6 378 245 m。惯性导航传感器测得的原始数据如图 8.2 所示。利用 INS 力学编排算法,求解出飞行器的速度,姿态角以及位置信息如图 8.3、图 8.4、图 8.5 所示。

由图 8.3 可以看出,利用 INS 力学编排算法计算出四轴飞行器的东西方向和南北方向的速度在不断减小,计算的速度没有明显突变现象,数据比较稳定。在图 8.4 中姿态角都出现了较小范围(0.001°)的波动,但是总体的趋势比较明显,俯仰角大致处于较平稳的状态,最后随着速度的减小,俯仰角减小;滚动角不断减小,最终随着速度的较小,趋近零度;偏航角随着时间的增加,出现了较小范围(0.001°)的变化。在姿态角计算中,可以看到 INS 力学编排算法可以较精准地刻画飞行器在空中姿态的变化。但随着时间的增加,INS 力学编排算法求位置时,利用加速度计进行二次积分,但是由于加速度计存在漂移误差,从而计算得到的经、纬度的累积误差不断加大,最终导致位置信息出现较大偏差。

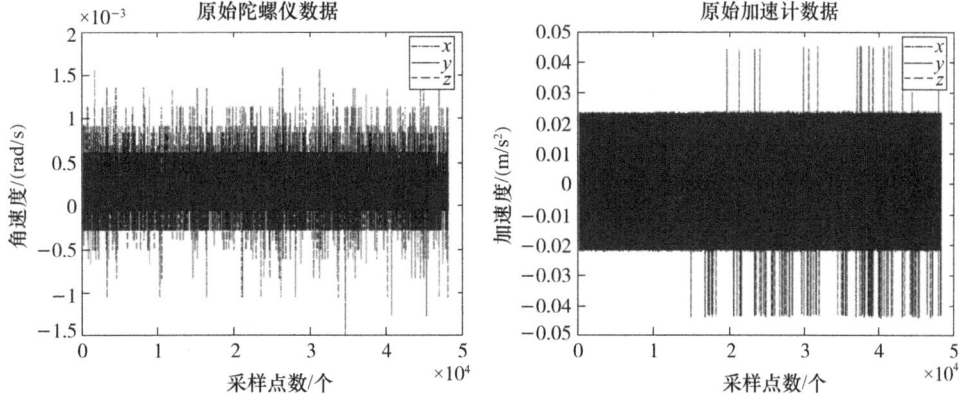

图 8.2 原始数据

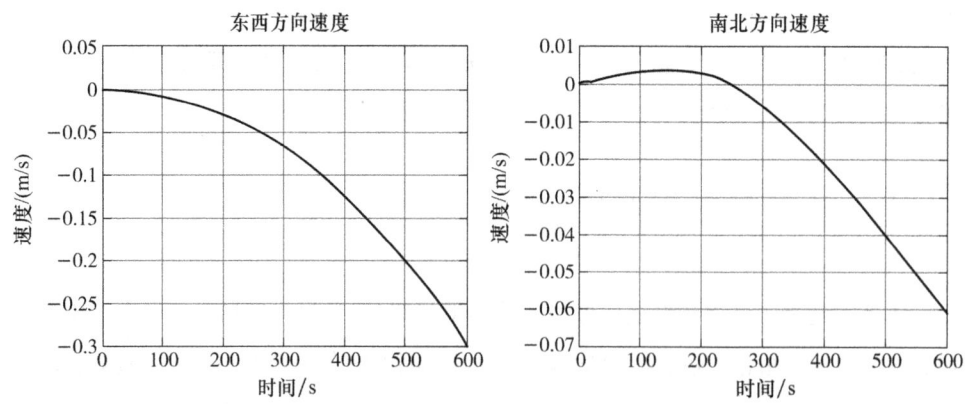

图 8.3 各个方向的速度

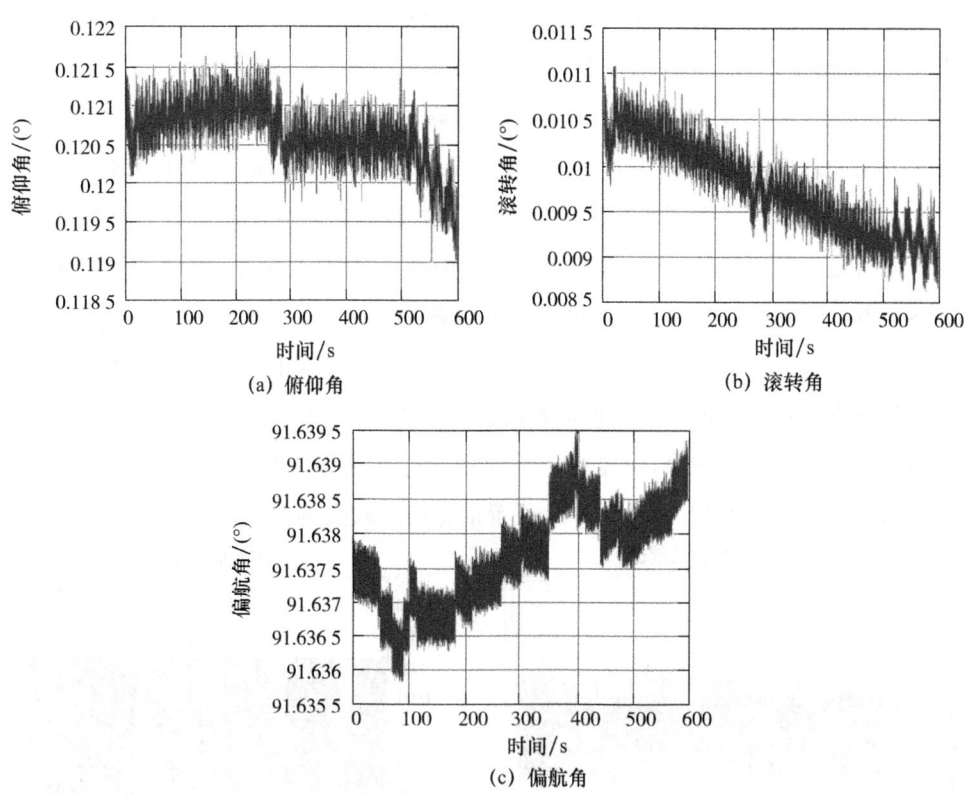

图 8.4 俯仰角、滚转角、偏航角

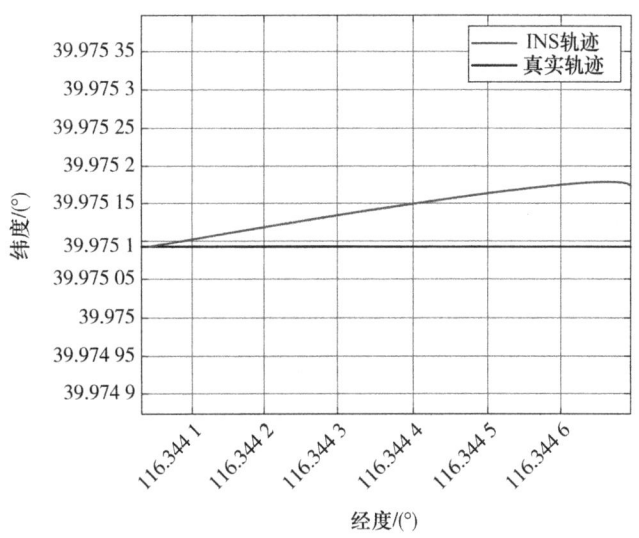

图 8.5　经、纬度轨迹

8.3　INS 优化方法概述

在捷联惯导系统下的力学编排算法,可以计算物体在运动过程中位置、速度、姿态角等导航参数,其缺点是在长时段的导航中稳定性较差,存在随着时间的增加,导航误差不断加大的问题。除此之外,我们发现温度的变化也会对导航精度产生影响。如果我们想要得到高精度的导航,则需使用精度较高的陀螺仪和加速度计,但是这样会导致导航成本的增加。基于以上问题,在某个温度下长时间、高精度、低成本的导航,成了捷联惯导系统中比较难解决的问题。

近年来,随着导航方法研究的进一步深入,人们发现卫星导航系统在长时段导航时显示出其独特优势,它不易受外在环境的影响,并且在长时段的导航精度较高。利用卫星导航系统在长时段导航中精度和稳定性较高的特性,来改善惯性导航系统随时间增加误差加大的问题;利用惯导系统短时段内高精度的导航结果,来改善卫星导航系统在短时段内存在盲区的问题。这种不同导航系统之间的配合使用方法,可以更好地发挥二者的优势,同时也弥补了彼此的劣势,算法性能得到进一步的提升,这种惯性导航系统与卫星定位系统的组合系统成了大家研究的重点。

一种利用矢量跟踪的捷联惯性导航与卫星定位导航的组合导航方案被提出[66]。该方法通过仿真实验后表明,在噪声较小时能够得到较好的位置信息,并且在卫星定位出现短期丢失数据时,可以利用惯性导航系统提供较为准确的位置信息。富立[67]提出了惯性导航系统与卫星导航系统组合导航的非线性滤波方法,结果显示这种方法能够实时跟踪载体的位置误差与角度误差,并且有效地改善了卫星定位导航系统的失锁现象,抑制组合导航的环路噪声。国防科学技术大学唐康华[68-69]卡尔曼滤波算法应用在组合导航系统中,并且对级联式惯导系统与卫星定位导航系统进行了分析,将惯性导航系统的时域非相干搜索算法应用在提高卫星信号的捕获能力上。王韬[70]指出惯性导航系统与卫星导航系二者组合的关键在于数据融合部分,而在数据融合中较为成熟的算法是卡尔曼滤波器,他指出利用卡尔曼滤波技术建立组合导航模型,估计导航系统状态量的误差情况,进而用误差值来校正系统。刘猛[71]利用基于伪地球坐标系的全球导航方法提升组合导航系统的精度,有效地解决了组合导航系统的精度问题。一种双滤波结构的滤波器模型被提出[72],罗勇利用修正的卡尔曼滤波器减小组合导航测量噪声之间的相关性。叶萍[73]提出了一体式的捷联惯性导航与卫星定位导航的组合方案,加强了两者之间的紧密组合。张涛[74]提出,利用双闭环形式来加强组合导航系统,进而增强惯性导航系统在长距离下的导航性能。曾庆双[75]提出组合导航的集中深组合方式,可以大大地提高导航精度。

从上述研究中,我们可以得出以下结论,在组合导航系统中利用卫星导航系统与惯性导航系统互补的特性,以卫星导航系统中高精度的位置信息作为测量输入,对长时段运动过程中的惯性导航系统进行修正,从而达到减小随着时间的增加而产生的累积误差。而在短时段运动过程中的惯性导航系统可以提供高精度的位置信息,解决了卫星定位导航系统在短时段内位置的丢包问题。这种组合方式启发我们寻找与卫星定位系统提供的相似的位置信息来进行力学编排的校正,减小其随着时间的增加位置信息误差增大的问题。

8.4 基于 INS 的误差校正模型

在前面提到的 INS 力学编排算法的基础上,我们引入位置信息,将位置信息与

INS 力学编排算法结合,进行误差模型的建立,然后通过卡尔曼滤波器推导误差模型的状态方程和量测方程。在测量方程中利用位置信息作为测量信息对误差模型进行进一步校正。

8.4.1 惯性传感器误差建模

考虑惯性传感器本身存在测量误差,我们分别对加速度传感器与陀螺仪传感器进行建模处理,重点考虑二者的零偏与噪声情况,其中零偏是指传感器打开后保持其静止状态得到的数据大小。加速度计和陀螺仪输出误差模型为式(8-5),其误差组成如图 8.6、图 8.7 所示。

$$\delta f^b = b_a + w_a$$
$$\delta \omega_{ib}^b = b_g + w_g \tag{8-5}$$

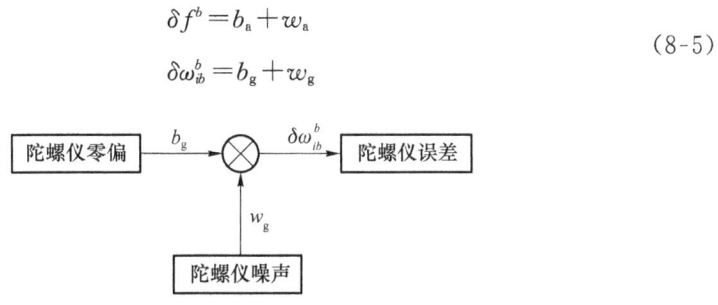

图 8.6 陀螺仪误差组成

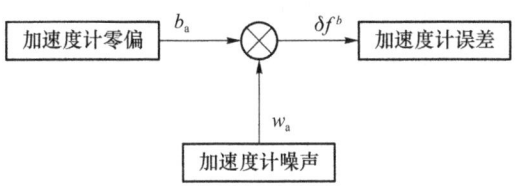

图 8.7 加速度计误差组成

其中,δf^b 和 $\delta \omega_{ib}^b$ 分别对应加速度传感器和陀螺仪传感器的测量误差,b_a,b_g 分别对应二者的零偏,w_a,w_g 分别对应二者的噪声。为了准确表达传感器的零偏情况,我们利用一阶马尔科夫过程对其时间 τ_{bg} 和驱动噪声 w_{bg} 进行建模,得到:

$$\dot{b}_g = -(1/\tau_{bg})b_g + w_{bg} \tag{8-6}$$

8.4.2 误差模型建立

我们利用卡尔曼滤波器在 INS 力学编排算法的基础上,进行误差的建模,得到其状态方程,即

$$\begin{bmatrix} \dot{\delta r^n} \\ \dot{\delta v^n} \\ \dot{\psi^n} \end{bmatrix} = \begin{bmatrix} -\omega_{en}^n \times \delta r^n + \delta v^n \\ -(2\omega_{ie}^n + \omega_{en}^n) \times \delta v^n + f^n \times \psi + C_b^n \delta f^b \\ -(\omega_{ie}^n + \omega_{en}^n) \times \psi - C_b^n \delta \omega_{ib}^b \end{bmatrix} \quad (8\text{-}7)$$

其中,δr^n 是包括了经度、纬度的位置误差量,δv^n 是包括了东向、北向和地向的速度误差量,ψ^n 是包括了俯仰、滚动和偏航的姿态误差量。

根据其状态方程中的估计量,我们可以利用物体运动过程中的位置观测量和各个传感器的测量值,构建卡尔曼滤波器的测量方程[76],如下:

$$\begin{aligned} \hat{r}^n - \tilde{r}^n &= \delta r^n + n_r \\ \hat{v}^n &= \delta v^n + n_v \\ \delta f^n &= f^n - C_b^n \tilde{f}^b \end{aligned} \quad (8\text{-}8)$$

其中,$\tilde{r}^n$ 为位置观测量,$\hat{r}^n$ 为 INS 力学编排算法计算出的物体位置量,$\hat{v}^n$ 为 INS 力学编排算法计算出的物体速度量,n_r 为位置的测量噪声值,n_v 为速度的测量噪声值,δf^n 为加速度传感器误差值。由于加速度计自身漂移问题较为严重,会导致在求物体运动过程中的姿态角时存在较大误差,所以我们需要根据其测量数据与姿态误差进行建模,得到:

$$\begin{aligned} \delta f^n &= f^n - (I - [\psi \times]) C_b^n f^b + C_b^n n_2 \\ &= [g^n \times] \psi + C_b^n n_2 \\ f^n &= -g^n = [0 \quad 0 \quad -g]^T \end{aligned} \quad (8\text{-}9)$$

其中,g 为重力,ψ 为姿态误差,n_2 为测量噪声。

8.5 实验和结果

为了验证误差模型算法的可行性,我们使用小米 note 4X 进行实验,当采集数

据时保持手机一直水平。由于位置信息的采样周期是 0.01 s，而手机惯性器件的采样周期为 0.1 s。由于采样周期的不同，导致数据存在丢包问题，所以进行算法实现之前需要对数据进行插值处理。通过处理后，我们进行算法实现，图 8.4 为通过 INS 力学编排算法得到的物体运动时的轨迹，图 8.5 为加入位置信息后得到的运动轨迹。从图中可以看出，加入位置信息后，INS 力学编排算法计算的位置信息得到改善，误差减小。

8.5.1 数据预处理

由于 Android 手机中惯性元件的采样频率为 10 Hz，位置信息的采样频率为 1 Hz，它们的采样频率不同导致数据存在不平衡问题，也就是说当手机采集到惯性元件（加速度、陀螺仪）数据时，位置数据并没有采集到数据，存在数据丢包现象。面对此问题，我们采用插值法进行数据的对齐处理。在数据对齐处理时经常用到的插值方法有：牛顿插值、Hermite 插值、样条插值、分段插值、Lagrange 插值。

牛顿插值通过构造与数据点相似的函数方程，获取所要插值处的数值大小，计算较为简便，但其在数值点上存在尖点，导致插值后整体数据不够平滑。Hermite 插值可以使插值后的整体数据较为平滑，但是 Hermite 插值属于高阶插值法，计算量较大，一般在实际工程中很少用到。样条插值同样存在数据计算量过大的问题。由于本实验中位置信号较稳定，不存在突变问题，数据的变化幅度较小，分段插值通过在每两个数据点之间构造函数，得到数据点之间的插值数据，这种方法可以很好地满足本实验数据的补齐问题，并且计算量较小。

在数据采集过程中我们利用小米 note 4X 进行数据的采集，采集所用 APP 在第 4 章中进行了详细的介绍，在此不再赘述，采集的部分数据如图 8.8 所示。从图中可以看出，在某些值上位置信息的数据是丢失的，为了将陀螺仪数据、加速度数据、位置信息的数据进行补齐，需要将丢失的数据进行插值处理，扩充数据量，最后得到补齐数据，如图 8.9 所示。

	Acc_x	Acc_y	Acc_z	latitude	longitude
15142564146	0.588 104	0.672 394	9.676 010	NaN	NaN
15142564147	-0.253 057	0.490 430	9.735 471	-0.051 411	0.004 948
15142564148	-0.038 378	1.200 706	9.218 722	-0.097 572	-0.106 369
15142564149	0.341 498	1.281 955	9.484 000	-0.175 616	-0.036 807
15142564150	0.076 703	1.512 274	9.499 799	-0.039 691	0.060 770
15142564151	-0.221 137	1.839 801	10.128 039	-0.087 198	-0.111 380
15142564152	0.046 054	1.778 510	10.310 962	0.131 177	-0.098 593
15142564153	-0.172 293	2.195 102	10.217 105	0.016 772	-0.009 323
15142564154	0.272 550	0.987 467	10.846 780	-0.019 452	-0.103 281
15142564155	1.216 821	0.760 977	9.637 225	0.214 270	0.145 566

图 8.8 部分采集数据

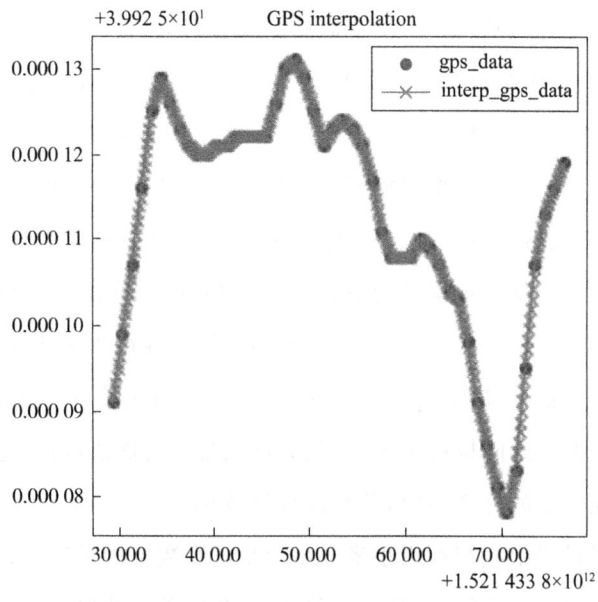

图 8.9 插值处理后数据

8.5.2 算法实现

在将传感器数据进行预处理后,我们根据加速度计和陀螺仪的性能参数,将其带入算法中,结果如图 8.10 所示。

第 8 章　基于 INS 误差的校正方法研究

图 8.10(a)为手机采集的经、纬度位置信息,我们将其作为参考运动轨迹。利用运动时采集到的手机中的加速度、角速度值,带入 INS 力学编排算法中,进行位置的更新迭代,得到图 8.10(b)中的轨迹图。从图中可以看出,当运动时间增加时,INS 力学编排算法误差增大,并且处于发散状态,导致无法得到较为准确的经、纬度信息。在图 8.11(a)中为相同的参考运动轨迹,图 8.11(b)是在力学编排算法的基础上,引入位置信息进行误差校正后的轨迹结果,从图中可以看出,经过位置信息校正后的轨迹,相比于只利用力学编排算法解算的轨迹更接近于我们的参考轨迹,但是在拐点处,仍存在很大的误差。

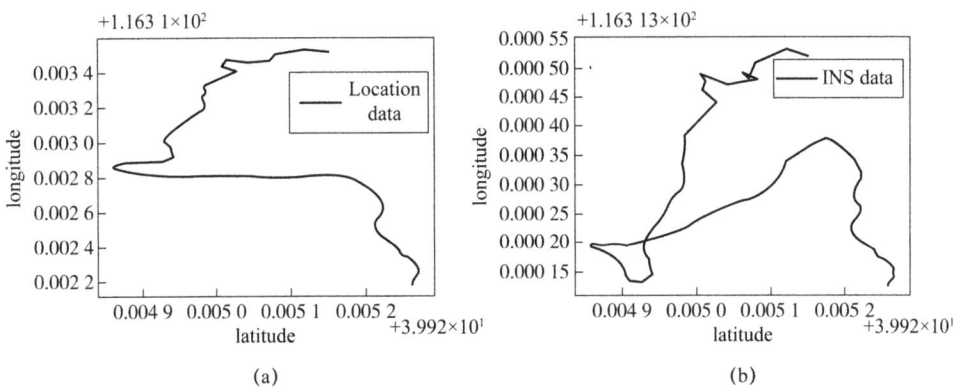

图 8.10　经纬度位置和 INS 力学编排算法解算轨迹

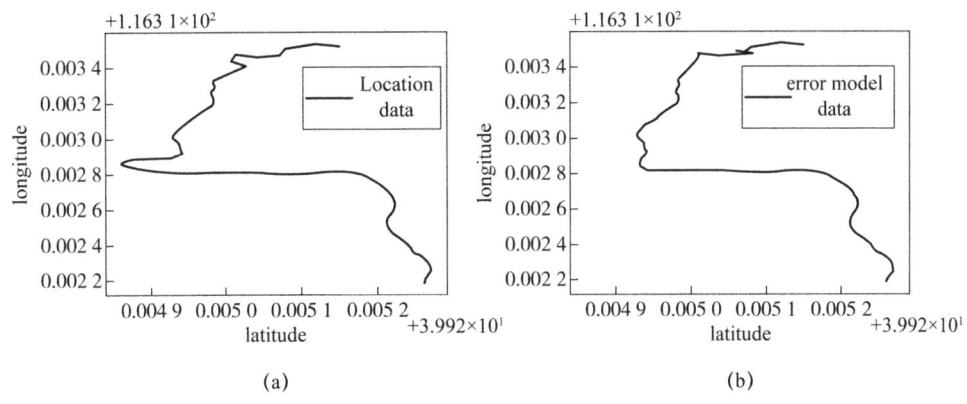

图 8.11　经纬度位置和误差模型解算轨迹

本 章 小 结

本章主要阐述了 INS 力学编排算法中,由于加速度计二次积分存在漂移问题,导致导航误差较大,从而引入位置信息进行校正,并利用卡尔曼滤波器进行误差建模,即通过捷联惯导系统力学编排算法得出导航信息,再通过位置信息得到更高精度的位置输出。重点介绍了误差建模过程,以及手机数据采集存在的问题和解决办法,并且通过实验验证了误差校正模型算法的正确性,该算法也很好地避免了捷联惯导系统的发散问题,在一定程度上保证了位置的精度,并且因为卡尔曼初值的选择问题使得融合初期误差较大,但位置信号的矫正使得并没有影响整体的最终结果。故本系统的力学编排算法是正确的,并能保持一定的精度。

第 9 章
融合磁场信息的室内导航算法

9.1 引　　言

随着物联网的高速发展,设备端搭载的各种信号传感器越来越丰富、广泛,室内定位可用的信号也多种多样,包括目前常见的 Wi-Fi、BLE、UWB、超声波、图像视觉、光信号等。综合考虑定位效果、部署成本和应用场景等,地磁信号定位在近几年越来越受到关注。地磁信号主要产生于地球磁场,地磁信号相对稳定,同时在室内环境下,由于建筑物的影响,地磁信号会产生一些特别的局部扰动,我们以此作为室内位置特征进行定位导航。就应用来说,地磁定位不需要部署额外的设备,理论上可以实现纯软件的室内定位。

9.2 地磁基本理论介绍

高斯提出球谐分析后,这种分析方法被引入到地磁学中,从而使得地磁的用途得到了迅速的发展,地磁学成了一门可以测量并且可以研究的学科。在地磁的使用过程中,地磁模型有着重要的作用,它可以将地磁场的时间与空间结构转换成数学表达方式。地磁模型也成了对地球内部物理勘探、岩石层物理勘探的重要资料,同样也是车辆行人导航和油井勘探的重要手段[77-78]。

地球磁场属于空间范围下的矢量场,地磁方位的定义与地理方位并不是完全一致的。在地球磁场中,地磁北极与地球北半球对应;地磁南极与地球南半球对应。地磁北极是北半球的总磁场,垂直于地心指向外,没有水平磁场分量;地磁南极是南半球的总磁场,垂直于地心指向外,没有水平磁场分量。在图 9.1 中,坐标系是以观测点为原点,$\vec{B}$ 为地磁总量,可以分解为三个方向,分别是地理的正北(θ)、正东(ϕ)和与水平面垂直向下方向(r),在各个方向上对应的分量分别是 $\vec{B_\theta}$,$\vec{B_\phi}$ 及 $\vec{B_r}$。当每个分量与其对应方向一致时,数值为正;若每个分量与其对应方向相反时,数值为负。

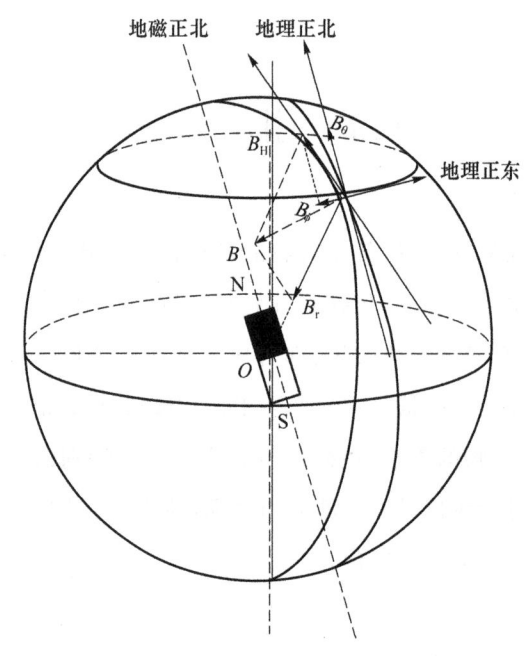

图 9.1 地球磁场示意图

将图 9.1 进行解析得到图 9.2,B 为观测点的总磁场,B_H 是总磁场 B 在正北方向的一个分量。B_θ 和 B_ϕ 是 B_H 分解后的两个分量,方向分别对应地理坐标系下的北与东。D 叫作磁偏角,该角度是 B_H 与 B_θ 形成的夹角。I 为磁倾角,是 B 与 B_H 所产生的夹角。

由于磁场是具有方向和大小的矢量式。为了进行矢量表达,我们引入地磁要素这一物理量。由于地球上每个点的时间 t 和空间 r 不同,那么每个点的地磁要素

也会具有不一样的特性,但是地磁要素大致可分解为三个分量,即

$$B(r,t)=B_m(r,t)+B_c(r,t)+B_d(r,t) \quad (9-1)$$

其中,B_m是地核稳定状态下的主磁场,B_c是地表岩石地壳磁场,B_d是高层大气和磁层电流流动而产生的复合干扰磁场。B_m值占有较大比重,接近90%。

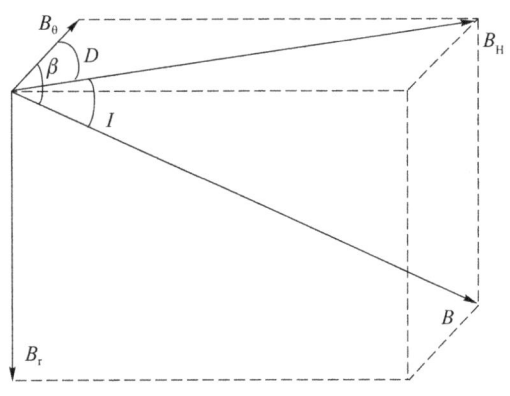

图 9.2 磁场向量与地理方向示意图

在机器人导航定位领域,文献[79]中提出使用地磁场作为位置信息,从而进行地磁地图匹配,实现了机器人在楼道走廊中自主导航定位功能。具体来讲,是利用地磁传感器可以进行机器人方向的判断,同时对楼道进行地磁建图,利用地磁传感器采集当前机器人位置的地磁数据,进行地磁匹配,寻找机器人在地磁地图中的位置情况。Chung[80]重点研究了结合地磁的终端使用设备,实现了平面地图的导航定位,但是误差范围较大,导航精度为4～5 m,并且在地磁采集过程中,在设定的参考点处,采集者需要在参考点转动自己的方位,从而收集到该点处不同方位的地磁数据,这样导致了地磁采集任务量大大增加。

随着移动终端(手机)的逐渐普及,利用手机作为导航终端载体设备,得到了极大的发展[81-84]。Grand[85]提出利用坐标系转换的方法防止采集各个朝向的磁场数据,进而缩减了地磁数据采集的工作量。但由于手机中的地磁传感器易受到手机自身的影响,使得坐标变换和实际测得值存在误差。当误差很大时,会导致系统失效。近年来,中国识途科技公司[86]获得地磁定位导航方面的多项专利,研发出国内首创的领先导航定位方案。该方案在使用地磁传感器的基础上结合蓝牙和Wi-Fi,其平均导航精度为3 m。芬兰 IndoorAtlas 公司[87],一直在地磁室内导航方向上不断深入研究,最终给出了在地下1 000 m 矿洞中可以使用地磁来确定位置的解

决方案,其导航精度在国际上处于领先水平,平均精度可以达到 1~2 m。

9.3 室内 IndoorAltas 地磁建图

由于各个方面条件的限制,并且搭建系统需要考虑多种因素,我国还未研发成功一款成熟使用的室内地磁导航系统。目前,在国内外使用最多、效果较好并且推广最为广泛的是芬兰(Finland)的 IndoorAtlas 系统。本节重点介绍该系统的使用方法以及注意事项。

IndoorAtlas 系统的原理是,通过采集用户在某一位置下,手机中地磁传感器的数据,通过地磁匹配的方法,在地磁库中寻找与采集到的地磁数据最为相近的点,从而得到用户在地图上的位置情况,并且用户可以很清楚地看到自己所处的位置,同时也可以找到所需商品的位置。目前,IndoorAtlas 网站[87]不断更新其导航软件版本,精度逐渐缩小到 2 m 以内,并且在确保导航精度的前提下,IndoorAtlas 网站可以为用户推送所在区域内各种优惠服务信息。

9.3.1 软件简介

在使用 IndoorAtlas 软件进行室内导航之前,首先需要获得导航区域内的地磁数据分布地图。为此,IndoorAtlas 软件提供了一套完整的软件解决方案。其中主要包括以下三个方面:

(1) "Indoor Atlas Floor Plans TM":添加/管理楼层平面图。

(2) "Indoor Atlas Map Creator":采集地磁数据。

(3) API 接口:提供位置服务。

该软件可以在全世界范围内,基于位置服务的 APP 应用上使用,我们只需要在 IndoorAltas 官网下载相对应的应用软件,支持安卓和苹果用户,或者在应用商店下载即可使用。同时,IndoorAtlas 软件采用云服务器,整合了网络、存储和计算多种功能,加快了计算处理速度,并且能够防止黑客攻击,更加安全。由于该软件依赖磁场数据,所以要求用户手机必须内置地磁传感器,为了导航结果更为准确,

IndoorAtlas 官网推荐 Android 设备在 5.0 以上，以及华为、三星等系列。

9.3.2 地图应用创建过程

我们在进行地图创建之前，需要进入 IndoorAltas 官方网站（http://www.Indoor Atlas.com/），进行账号的注册。当完成注册后，进入网站首页，如图 9.3 所示。在首页我们可以看到，整个地图创建过程需要以下三步。

(1) SETUP(设置)：主要完成所要导航的建筑物经、纬度的确定，以及建筑物平面图的上传。

(2) MAP(地图)：主要完成所要导航的室内区域内参考点的设置，以及地磁的采集工作。

(3) BUILD(建立)：主要完成地图信息加载到 IndoorAltas 的应用软件中。

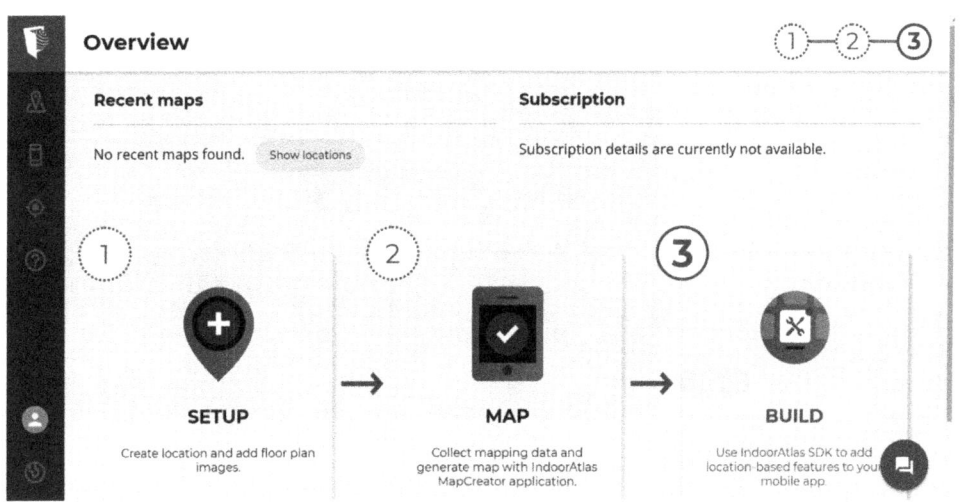

图 9.3　地图创建步骤

首先我们需要进入位置创建界面，如图 9.4 所示。我们需要在界面左侧添加位置信息。必填信息包括 Name(名称)、Latitude(纬度)、Longitude(经度)。选填信息包括 Description(位置描述)、Address(具体位置)。本实验室以某大学某楼为例进行地图的创建，因此填写其名称，以及所在的经度、纬度。如图 9.5 所示。在确定添加正确后，点击 Submit 提交按钮，网站会自动根据所填信息找到对应的地理位置。

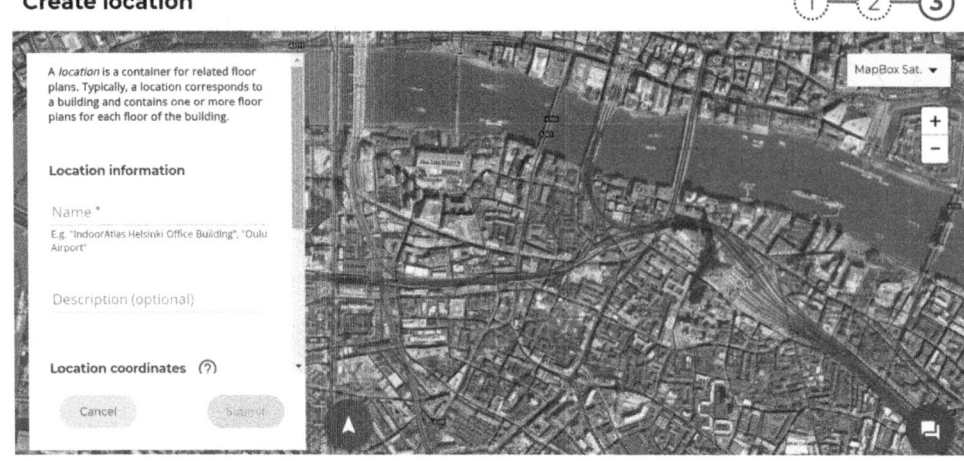

图 9.4 地图显示界面

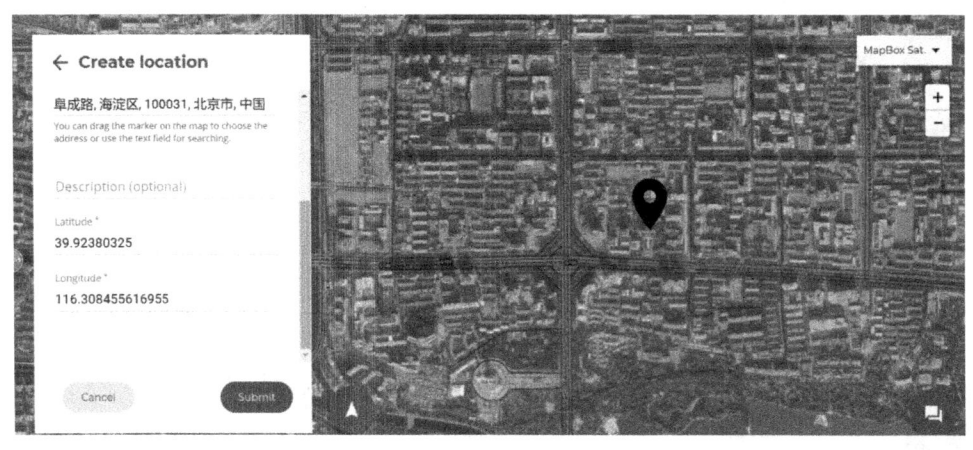

图 9.5 位置定位

在定位完成后,网站会进入楼层添加界面,如图 9.6 所示。在该界面中,我们需要对所要导航区域的楼层平面图进行上传,并且要确定楼层数以及高度值,如图 9.7 所示。在完成上述工作后,点击"Submit"提交,系统会上传平面图以及对应的相关信息。在上述操作成功后,我们可以在地图中看到所需导航区域的标识以及相关信息。在此我们要注意,所上传的平面图比例必须严格按照实际建筑物比例,这样在导航阶段才能在地图上准确显示用户的位置情况。

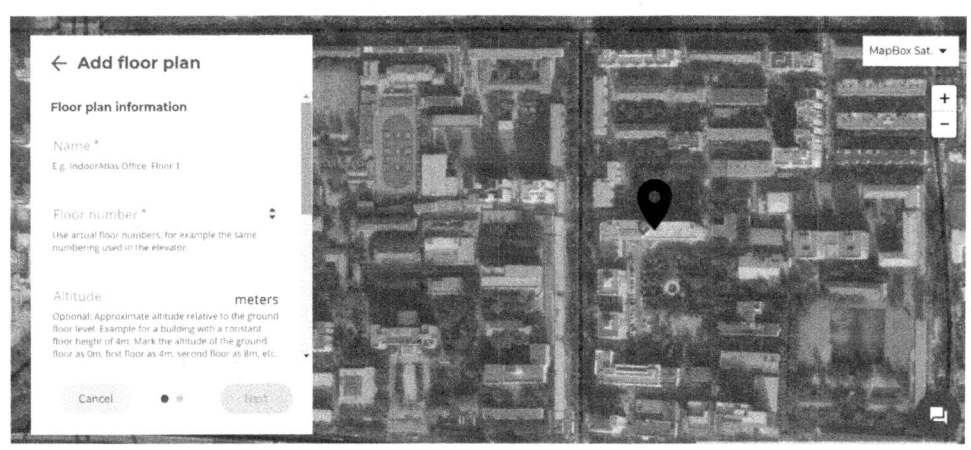

图 9.6　楼层定位

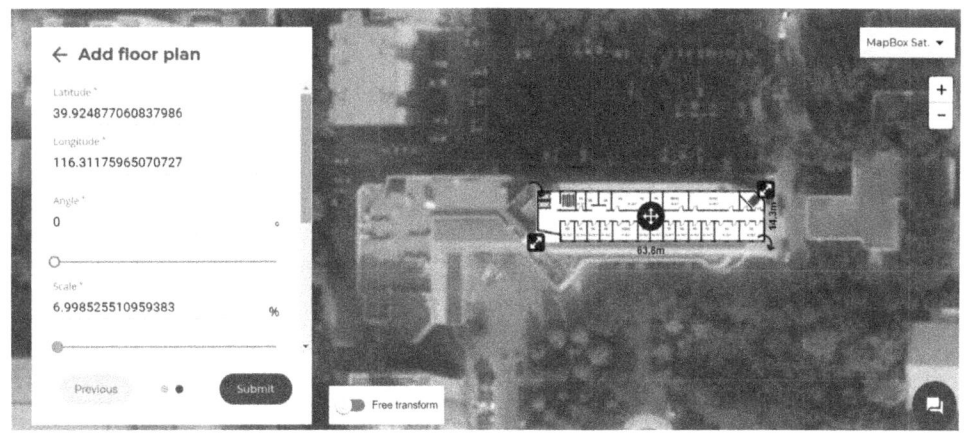

图 9.7　楼层平面图上传

在完成以上位置创建工作后,我们只是确定了导航的区域,然后还需要进行该区域地磁数据的采集。在采集地磁数据环节,采集者需要在网站上下载 IndoorAtlas 地图采集客户端,进入到自己的账户下,如图 9.8 所示。接下来,找到导航区域对应的平面图所在位置,在地图上设置好参考点,其选择的原则是尽量选择导航区域易找到的点。在本实验中,我们对每个房间都设置了一个参考点,以便采集者进行数据采集时,能够方便与实际行走区域对应起来。

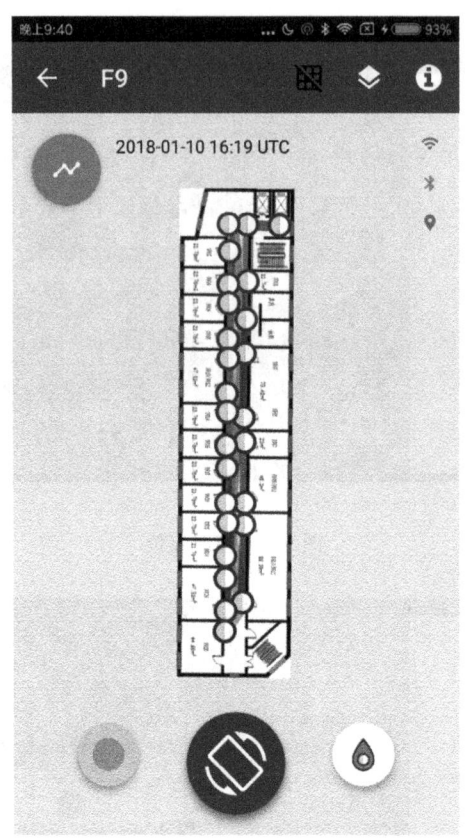

图 9.8 建筑物参考点显示

在创建完参考点后,采集者可以任意选择某两个参考点作为地磁数据采集的开始点与结束点。在设置好路线后,点击屏幕左下角按钮,开始采集地磁数据。当用户采集完一条路径后,点击屏幕左下角按钮,将数据进行保存。在采集结束后,网站上会生成采集区域的地磁地图,如图 9.9 所示。在图中 Good 表示采集的地磁数据完好,Ok 表示地磁数据一般,Bad 表示地磁数据较差。在地磁采集阶段需要注意以下三点。

(1)IndoorAltas 提供的软件有初始化校正功能,我们只需按照其进行 x、y、z 三轴方向旋转即可;

(2)采集者在确定两点之后,采集者手持手机的方式尽量不要改变,保持手机正面朝上,屏幕与地面平行,并且速度尽量保持匀速,这样便于地磁数据的稳定性;

(3)为了保证地图采集的完整性与准确性,采集者应当设计尽可能多的路线,以保障采集的区域能够覆盖到整个平面图。

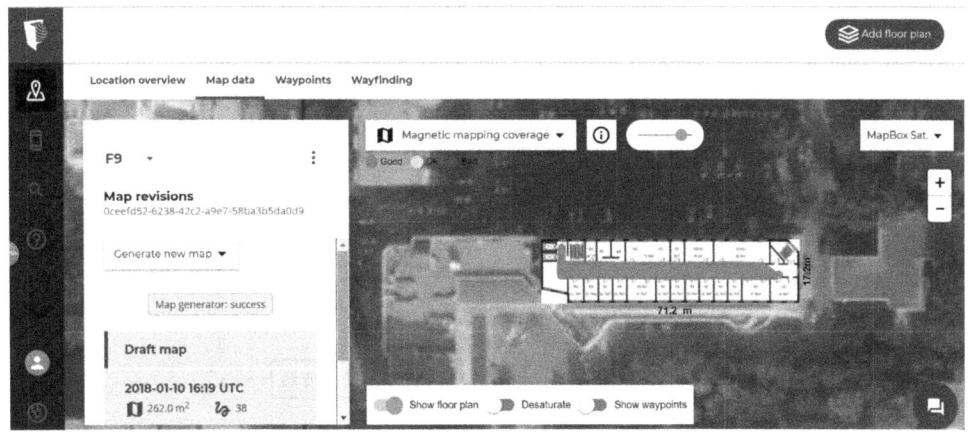

图 9.9　地磁数据采集结果

9.4　惯性/磁场信息的多传感器融合方法

9.4.1　惯性/磁场系统融合方法

在惯性/磁场组合导航系统中,主要有两种融合方式,即一种是松散融合,另一种是紧密融合。松散融合方式是惯性导航系统与地磁导航系统两者分开独立工作,利用地磁导航系统来辅助惯性导航系统,是一种较低水平的融合方式。紧密融合方式是在惯性导航系统与地磁导航系独立工作时利用卡尔曼滤波器进行数据的融合,将地磁导航系统中的位置和速度信息与惯性导航系统下的位置和速度信息进行做差,得到 Kalman 测量方程中的误差值,实现对惯性导航系统的校正。紧密融合方式的工作原理比较简单,便于实际工程项目的实现,并且紧密融合方式使得系统有一定的冗余特性。在本方法中我们选择了紧密融合方式作为惯性和地磁的融合方式。

在本方法中,惯性导航系统和地磁导航系统均是独立工作的。当惯性导航系统为地磁导航系统提供指示路径时,惯性导航系统随着时间的增加,导航误差会不断增加,从而导致地磁导航系统搜索位置范围增大,计算量增加,导航的实时性与准确性都会下降。当通过地磁导航系统来修正惯性导航系统时,可以有效地抑制指示路径的误差,防止其发散,提高了导航的效率和导航的准确度。因此,我们采用地磁导航系统辅助惯性导航系统实现精度高、实时性高的导航系统,本章建立的地磁辅助惯性导航系统如图 9.10 所示。

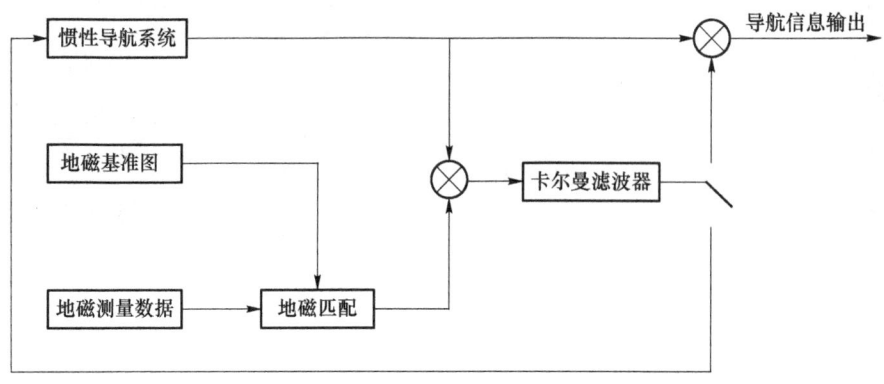

图 9.10　地磁辅助惯性导航系统原理图

9.4.2　惯性/磁场组合导航系统状态方程

通过对惯性/磁场组合导航系统进行建模,得到卡尔曼滤波器的状态方程和测量方程。在状态方程中,确定其状态量。卡尔曼滤波器分为直接法和间接法。直接法是通过建立数学模型直接描述其系统的动态过程,直接估计状态量,一般这种模型建立的都是非线性方程,需要我们采用非线性的卡尔曼滤波器,将非线性方程转换成线性方程,但这种方法在实际应用中会导致估计的状态量精度下降,并且在实际应用中存在不少问题。在间接法中,我们引入误差的概念,从直接得到位置信息转换到得到位置的误差信息,这样地磁导航系统和惯性导航系统的测量值会在卡尔曼滤波器的测量方程中被抵消掉,因此,我们只需要建立地磁导航系统和惯性导航系统的误差模型,此时误差模型得到的方程都是线性的,采用线性卡尔曼滤波器即可,这种间接的估计方法是与原系统没有任何关系的独立的过程。并且与原系统相比,在保持地磁导航系统和惯性导航系统互相独立的基础上,同时使用误差估计的方法进行校正,减小了导航时的误差。在本系统中,状态误差方程主要包括位置、速度和角度误差量。

卡尔曼状态方程标准形式为

$$\dot{X}(t) = F(t)X(t) + G(t)W(t) \tag{9-2}$$

将式(9-5)、式(9-6)、式(9-7)进行合并,得到误差模型为

$$\begin{bmatrix} \dot{\delta r^n} \\ \dot{\delta v^n} \\ \dot{\psi}^n \\ \dot{b}_g \\ \dot{b}_a \end{bmatrix} = \begin{bmatrix} -\omega_{en}^n \times \delta r^n + \delta v^n \\ -(2\omega_{ie}^n + \omega_{en}^n) \times \delta v^n + f^n \times \psi + C_b^n(b_g + w_g) \\ -(\omega_{ie}^n + \omega_{en}^n) \times \psi - C_b^n \delta \omega_{ib}^b \\ -(1/\tau_{b_g})b_g + w_{b_g} \\ -(1/\tau_{b_a})b_a + w_{b_a} \end{bmatrix} \tag{9-3}$$

我们将式(9-3)误差模型写成卡尔曼滤波器的状态方程形式:

$$\begin{bmatrix} \dot{\delta r^n} \\ \dot{\delta v^n} \\ \dot{\psi}^n \\ \dot{b}_g \\ \dot{b}_a \end{bmatrix} = \begin{bmatrix} F_1 & E & O & O & O \\ O & F_2 & G & O & T \\ O & O & F_2 & -T & O \\ O & O & O & F_4 & O \\ O & O & O & O & F_5 \end{bmatrix} \begin{bmatrix} \delta r^n \\ \delta v^n \\ \psi^n \\ b_g \\ b_a \end{bmatrix} + \begin{bmatrix} O & O & O & O & O \\ O & T & O & O & O \\ O & O & -T & O & O \\ O & O & O & E & O \\ O & O & O & O & E \end{bmatrix} \begin{bmatrix} W_{r^n} \\ W_{v^n} \\ W_{\psi^n} \\ W_{b_g} \\ W_{b_a} \end{bmatrix}$$

$$\tag{9-4}$$

式(9-5)中 $\delta\varphi^n$、$\delta\lambda^n$、δh^n 是位置误差。$\delta\varphi^n$ 对应导航目标运动时的纬度误差,$\delta\lambda^n$ 对应导航目标运动时产生的经度误差,δh^n 对应导航目标运动时产生的高度误差。

$$\delta r^n = \begin{bmatrix} \delta\varphi^n \\ \delta\lambda^n \\ \delta h^n \end{bmatrix} \tag{9-5}$$

式(9-6)中 δv_N^n、δv_E^n、δv_D^n 是速度误差。δv_N^n 对应导航目标运动时的北向速度误差,$\delta\lambda_E^n$ 对应导航目标运动时的东向速度误差,δh_D^n 对应导航目标运动时的地向速度误差。

$$\delta v^n = \begin{bmatrix} \delta v_N^n \\ \delta v_E^n \\ \delta v_D^n \end{bmatrix} \tag{9-6}$$

式(9-7)中 ψ_{roll}^n、ψ_{pitch}^n、ψ_{yaw}^n 是姿态误差(滚转角(roll)误差、俯仰角(pitch)误差、偏航角(yaw)误差),即

$$\psi^n = \begin{bmatrix} \psi_{\text{roll}}^n \\ \psi_{\text{pitch}}^n \\ \psi_{\text{yaw}}^n \end{bmatrix} \tag{9-7}$$

式(9-8)分别代表加速度计 x、y、z 三轴的零偏,即

$$b_a = \begin{bmatrix} b_{ax} \\ b_{ay} \\ b_{az} \end{bmatrix} \tag{9-8}$$

式(9-9)分别代表陀螺仪 x、y、z 三轴的零偏,即

$$b_g = \begin{bmatrix} b_{gx} \\ b_{gy} \\ b_{gz} \end{bmatrix} \tag{9-9}$$

状态矢量为 $\dot{X} = [\dot{\delta}\varphi^n, \dot{\delta}\lambda^n, \dot{\delta}h^n, \dot{\delta}v_N^n, \dot{\delta}v_N, \dot{\delta}v_E^n, \dot{\delta}v_D^n, \psi_{\text{roll}}^n, \psi_{\text{pitch}}^n, \psi_{\text{yaw}}^n, \dot{b}_{gx}, \dot{b}_{gy}, \dot{b}_{gz}, \dot{b}_{ax}, \dot{b}_{ay}, \dot{b}_{az}]^T$,$E$ 为 3×3 的单位矩阵,O 为 3×3 的零矩阵,T 为 3×3 的四元数方程,W_{r^n} 为 3×1 的位置噪声,W_{v^n} 为 3×1 速度噪声,W_{b_g} 为 3×1 陀螺仪噪声,W_{b_a} 为 3×1 加速度传感器噪声,即

$$F_1 = \begin{bmatrix} 0 & \dfrac{V_E}{R_N+h}\tan\varphi & -\dfrac{V_E}{R_N+h} \\ -\dfrac{V_E}{R_N+h}\tan\varphi & 0 & -\dfrac{V_N}{R_M+h} \\ \dfrac{V_E}{R_N+h} & \dfrac{V_N}{R_M+h} & 0 \end{bmatrix}$$

$$F_2 = \begin{bmatrix} 0 & -\left(-2\omega_{ie}\sin\varphi + \dfrac{V_E}{R_N+h}\tan\varphi\right) & \left(-2\omega_{ie}\cos\varphi + \dfrac{V_E}{R_N+h}\right) \\ \left(-2\omega_{ie}\sin\varphi + \dfrac{V_E}{R_N+h}\tan\varphi\right) & 0 & -\left(-\dfrac{V_E}{R_M+h}\right) \\ -\left(-2\omega_{ie}\cos\varphi + \dfrac{V_E}{R_N+h}\right) & \left(-\dfrac{V_E}{R_M+h}\right) & 0 \end{bmatrix}$$

$$F_3 = \begin{bmatrix} 0 & \left(\omega_{ie}\sin\varphi + \dfrac{V_E}{R_N+h}\tan\varphi\right) & -\left(\omega_{ie}\cos\varphi + \dfrac{V_E}{R_N+h}\right) \\ -\left(\omega_{ie}\sin\varphi + \dfrac{V_E}{R_N+h}\tan\varphi\right) & 0 & -\left(-\dfrac{V_E}{R_M+h}\right) \\ \left(\omega_{ie}\cos\varphi + \dfrac{V_E}{R_N+h}\right) & \left(-\dfrac{V_E}{R_M+h}\right) & 0 \end{bmatrix}$$

$$F_4 = \begin{bmatrix} -1/\tau_{gx} & 0 & 0 \\ 0 & -1/\tau_{gy} & 0 \\ 0 & 0 & -1/\tau_{gz} \end{bmatrix} \quad F_5 = \begin{bmatrix} -1/\tau_{ax} & 0 & 0 \\ 0 & -1/\tau_{ay} & 0 \\ 0 & 0 & -1/\tau_{az} \end{bmatrix}$$

$$\frac{1}{R_M} = \frac{1}{R_e}(1 + 2e - 3e\sin^2\varphi),\ \frac{1}{R_N} = \frac{1}{R_e}(1 - e\sin^2\varphi),$$

$$R_e = 6\,378\,254\ \text{m}, e = 1/298, \omega_{ie} = 7.292\,115\,8 \times 10^{-5}$$

9.4.3 惯性/磁场组合导航系统测量方程

在本系统中主要利用了位置信息、加速度计观测信息、磁场传感器观测信息，分别构建卡尔曼滤波器的测量误差方程。同时我们利用加速度计与磁场传感器进行叉乘，引入卡尔曼滤波器的测量方程中。位置信息、加速度计观测信息已在第 2 章进行了详细的公式说明，下面将对关于磁场传感器观测信息的使用进行介绍。

我们利用地磁传感器获取的数据，即为地磁传感器的观测信息，使用惯性/磁场系统融合方法中的紧密融合方式构造其测量方程。首先，将地磁传感器读取数据进行坐标系的转换，得到惯性导航系统下的实际数据，与预先标定好的参考磁场信息做差，得到磁场传感器的误差。这种方式不仅保证了磁场传感器与加速度计互不影响，又保证了两者可以进行叉乘运算。

（1）地磁传感器测量方程：

$$\delta m^n = [m^n \times]\psi + C_b^n n_3 \tag{9-10}$$

其中，$\delta m^n = C_b^n \tilde{m}^b - m^n$，$\tilde{m}^b$ 为地磁传感器的测量值，m^n 为在磁场标定时的测量值，n_3 为量测噪声。

（2）地磁与加速度传感器叉乘测量方程：

$$\delta I^n = [I^n \times]\psi + C_b^n n_4 \tag{9-11}$$

其中，$\delta I^n = C_b^n \tilde{I}^b - I^n$，$I^n = f^n \times m^n I^b = f^b \times m^b$，$n_4$ 为测量噪声。

卡尔曼测量方程：

$$Z(t) = H(t)X(t) + V(t) \tag{9-12}$$

将测量方程部分进行展开，得到：

$$\begin{bmatrix} \hat{\varphi}^n - \tilde{\varphi} \\ \hat{\lambda}^n - \tilde{\lambda} \\ \hat{h}^n - \tilde{h} \\ V_N^n \\ V_E^n \\ V_D^n \\ T_{11}\mathrm{acc}_x + T_{12}\mathrm{acc}_y + T_{13}\mathrm{acc}_z \\ T_{21}\mathrm{acc}_x + T_{22}\mathrm{acc}_y + T_{23}\mathrm{acc}_z \\ T_{31}\mathrm{acc}_x + T_{32}\mathrm{acc}_y + T_{33}\mathrm{acc}_z - g \end{bmatrix} = \begin{bmatrix} 1 & 0 & 0 & 0 & 0 & 0 & 0 & 0 & 0 & 0 & 0 & 0 & 0 & 0 & 0 \\ 0 & 1 & 0 & 0 & 0 & 0 & 0 & 0 & 0 & 0 & 0 & 0 & 0 & 0 & 0 \\ 0 & 0 & 1 & 0 & 0 & 0 & 0 & 0 & 0 & 0 & 0 & 0 & 0 & 0 & 0 \\ 0 & 0 & 0 & 1 & 0 & 0 & 0 & 0 & 0 & 0 & 0 & 0 & 0 & 0 & 0 \\ 0 & 0 & 0 & 0 & 1 & 0 & 0 & 0 & 0 & 0 & 0 & 0 & 0 & 0 & 0 \\ 0 & 0 & 0 & 0 & 0 & 1 & 0 & 0 & 0 & 0 & 0 & 0 & 0 & 0 & 0 \\ 0 & 0 & 0 & 0 & 0 & 0 & g & 0 & 0 & 0 & 0 & 0 & 0 & 0 & 0 \\ 0 & 0 & 0 & 0 & 0 & 0 & -g & 0 & 0 & 0 & 0 & 0 & 0 & 0 & 0 \\ 0 & 0 & 0 & 0 & 0 & 0 & 0 & 0 & 0 & 0 & 0 & 0 & 0 & 0 & 0 \end{bmatrix} \begin{bmatrix} \delta\varphi \\ \delta\lambda \\ \delta h \\ \delta v_N \\ \delta v_E \\ \delta v_D \\ \delta_{\mathrm{roll}} \\ \delta_{\mathrm{pitch}} \\ \delta_{\mathrm{yaw}} \end{bmatrix} +$$

$$\begin{bmatrix} 1 & 0 & 0 & 0 & 0 & 0 & 0 & 0 & 0 & 0 & 0 & 0 & 0 \\ 0 & 1 & 0 & 0 & 0 & 0 & 0 & 0 & 0 & 0 & 0 & 0 & 0 \\ 0 & 0 & 1 & 0 & 0 & 0 & 0 & 0 & 0 & 0 & 0 & 0 & 0 \\ 0 & 0 & 0 & 1 & 0 & 0 & 0 & 0 & 0 & 0 & 0 & 0 & 0 \\ 0 & 0 & 0 & 0 & 1 & 0 & 0 & 0 & 0 & 0 & 0 & 0 & 0 \\ 0 & 0 & 0 & 0 & 0 & 1 & 0 & 0 & 0 & 0 & 0 & 0 & 0 \\ 0 & 0 & 0 & 0 & 0 & 0 & T_{11} & T_{12} & T_{13} & 0 & 0 & 0 & 0 \\ 0 & 0 & 0 & 0 & 0 & 0 & T_{21} & T_{22} & T_{23} & 0 & 0 & 0 & 0 \\ 0 & 0 & 0 & 0 & 0 & 0 & T_{31} & T_{32} & T_{33} & 0 & 0 & 0 & 0 \end{bmatrix} \begin{bmatrix} n_{r\varphi} \\ n_{r\lambda} \\ n_{rh} \\ n_{VN} \\ n_{VE} \\ n_{VD} \\ n_{2x} \\ n_{2y} \\ n_{2z} \end{bmatrix}$$

在测量方程中，$\tilde{r}^n = [\tilde{\varphi}^n, \tilde{\lambda}^n, \tilde{h}^n]$，$\hat{v}^n = [v_E^n, v_N^n, v_D^n]$，$\delta f^n = f^n - C_b^n \tilde{f}^b$，$f^n = [0, 0, -g]$，$n_r n_v n_2$ 表示误差，$g^n = [0, 0, g]^T$，$g = 9.8$，$\hat{r}^n = [\varphi^n, \lambda^n, h^n]$ 中 φ^n、λ^n、h^n 分别表示纬度、经度和高度的测量值，$\hat{v}^n = [v_E^n, v_N^n, v_D^n]$ 中 v_E^n、v_N^n、v_D^n 分别表示东向、北向、地向速度的测量值。

9.5 实验和结果

9.5.1 实验描述

本实验使用 Android 手机小米 Note 4X 进行实验,选择某大学某楼 9 楼楼道进行数据采集的工作,如图 9.11 所示,验证惯性/磁场组合导航系统的可行性。

图 9.11 某楼 9 楼楼道

9.5.2 地磁标定实验结果

我们利用 Android 手机小米 Note 4X,安装开发的 APP,实验地点选择某大学某楼 9 楼,实验预设轨迹为:某大学某楼 9 楼楼道 928 房间行走至电梯口,如图 9.12 所示。

基于室内移动机器人的多传感器融合技术

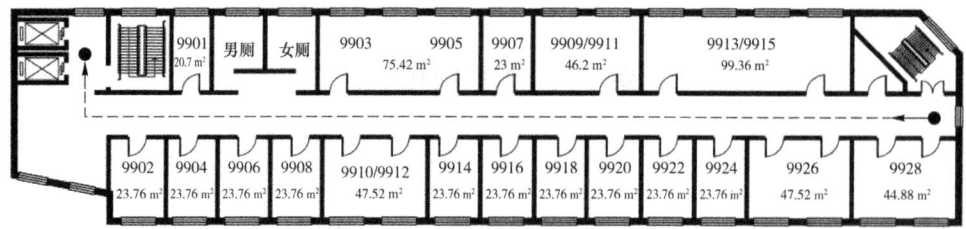

图 9.12 某楼 9 楼平面图

通过 APP 调用 IndoorAltas 软件接口得到算法所需要的数据,其中包括室内的经纬度、加速度、磁场、陀螺仪、方位角等,如图 9.13 所示。

时间	纬度	经度	精度	方位	加速度x	加速度y	加速度z	磁场强度x	磁场强度y	磁场强度z	方向	方向误差
2018-03-19 10:44:38	39.924 899	116.311 828	6.0	0.000 000	−0.831 565	1.179 962	9.644 897	21.040 344	−4.411 316	−24.600 220	264.203 920	0.003 021
2018-03-19 10:44:38	39.924 891	116.311 837	22.0	282.583 400	−0.740 677	1.268 539	9.793 335	20.739 746	−4.920 960	−27.900 696	264.514 100	−0.066 223
2018-03-19 10:44:39	39.924 892	116.311 837	18.0	262.403 260	−0.448 578	2.434 524	9.884 308	24.040 222	0.099 182	−28.799 438	267.528 080	−0.037 460
2018-03-19 10:44:39	39.924 890	116.311 833	16.0	263.262 420	−0.721 527	−0.244 583	11.548 279	22.239 685	3.559 875	−30.599 976	270.473 300	0.145 767
2018-03-19 10:44:40	39.924 888	116.311 829	16.0	262.324 550	−0.340 851	1.347 549	12.702 286	19.239 807	2.178 955	−33.000 183	272.555 330	−0.238 785

图 9.13 采集数据结果

将图 9.13 中 IndoorAltas 所得的经、纬度信息进行描绘作为参考经、纬度,如图 9.14(a)所示。并利用结合地磁数据的组合导航算法进行验证,得到行走路径,如图 9.14(b)所示,二者基本一致。

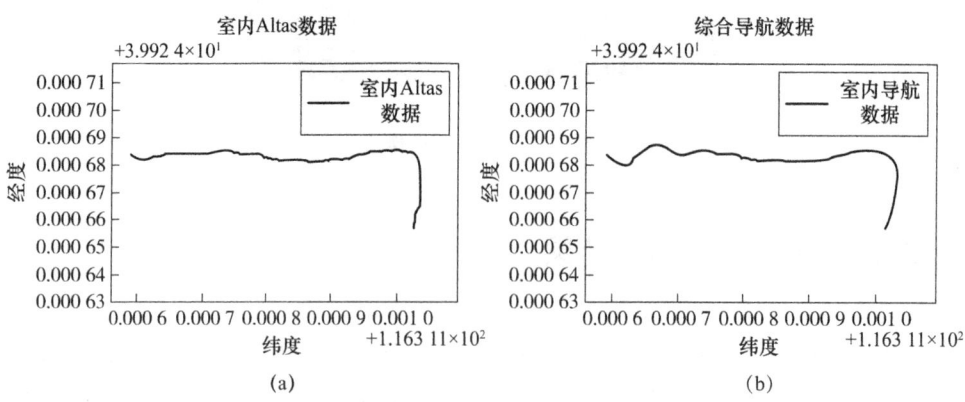

图 9.14 IndoorAltas 参考室内轨迹和惯性/磁场组合导航室内轨迹

为了验证导航精度,我们对各个状态量进行误差计算,如图 9.15 所示。结果显示,经、纬度误差,东向、北向速度误差和姿态角误差可控制在较小的范围内,满足室内导航的精度要求。

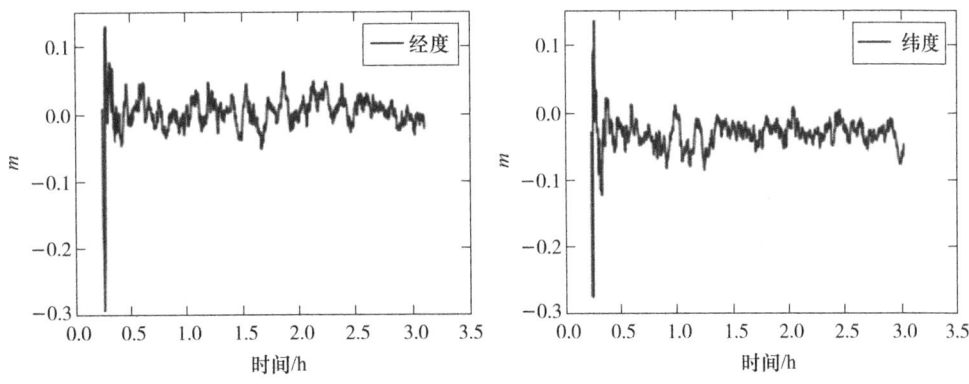

图 9.15 经、纬度误差

9.6 影响组合导航精度的因素

经过文献调研分析后,我们发现目前主要有以下几个方面制约着惯性/磁场组合导航的发展和应用[88]。

1. 惯性传感器的测量精度

在惯性/磁场组合导航系统中,我们使用的惯性传感器的精度不能太低,也就是说加速度的漂移问题不能太严重。如果使用的惯性传感器的精度太差,那么惯性/磁场组合导航系统的精度会出现很大的误差。因此,在惯性/磁场组合导航系统中,惯性传感器的精度太低会阻碍组合导航技术的发展。

2. 地磁数据库精度有待提高

在惯性/磁场组合导航系统中,地磁导航系统的准确与否很大程度上取决于地磁数据库建立的好坏。在本系统中,我们使用较为成熟的地磁导航应用,即 IndoorAltas,为组合导航算法提供较为准确的地磁数据库。

3. 地球磁场异常问题

地球磁场在长期看来基本稳定,但仍存在叠加在稳定地磁上面由地球岩石磁性引起的局部异常磁场；同时手机中的地磁传感器容易在使用过程中受到其他磁性物体的影响，易被磁化显示出磁性，从而在地磁数据采集过程中影响数据的采集，如何减小地球磁场异常值成了以后研究的重点。

本章小结

本章对惯性导航系统的误差方程进行了进一步介绍，在测量方程中引入地磁信息，将惯性单元和地磁相结合，组成了两种组合导航系统。通过对惯性/磁场组合系统进行误差建模，利用卡尔曼滤波器得到导航时各个量的误差值，从而提高组合导航效果。并且利用 IndoorAltas 系统得到的室内的惯性器件和地磁数据，对地磁结合惯性导航系统进行了实验。结果表明，这种组合系统，通过卡尔曼滤波器能够明显减小惯性传感器中加速度计的漂移问题，进一步提高了导航精度。最后我们对该组合系统进行了进一步研究，得出了以下制约因素：①组合导航系统中惯性传感器的精度；②地磁数据库精度有待提高；③地球磁场异常问题。

第 10 章
基于 Android 手机的室内导航实现

10.1 引　　言

作为目前全球市场占有率最高的移动操作系统，Android 拥有强大的硬件性能和开放的生态系统。Android 手机搭载了各种传感器，如加速度计、陀螺仪、磁力计等，可以利用这些传感器获取手机在空间中的状态和姿态信息。此外，Android 手机通常具有较大的处理能力和存储容量，可以进行复杂的运算和存储大量的数据。这些特点使得 Android 手机在室内定位技术的研究与实现中具备较大的优势。本章主要将室内导航算法进行了 APP 实现，算法实现载体为 Android 手机实现功能，为用户在室内使用 APP 时可以实现自主导航。

10.2 室内导航系统的需求分析

近年来，随着科技的不断推进，无线网络技术得到迅猛发展，移动终端的使用群体急剧增加，尤其是智能手机，已经成了人们生活中不可或缺的一个设备。现在的手机功能已从原来只能通话与短信，变成了集照相、出行、办公、餐饮、文娱等多种功能于一身，在众多手机功能之中，室内导航成为当前人们迫切需要的一个功能。比如：当病人在医院看病时，可以通过手机获取自己的当前位置，导航到就诊的科室；当借阅者在图书馆借书时，可以通过手机找到自己想要借阅的图书所在区域；当消费者在商场消费时，可以利用手机找到想要购买的物品所在区域等。类似的手机导航场景还有很多，其主要目的是用户可以利用手机软件获取自己的位置情况，并且可以利用手机导航至所要去的区域，并且利用用户的位置信息，可以将导航区域内的产品对用户进行推荐，使商家的营销方式更加多元化和精准化。

基于上述分析，我们设计的室内导航系统主要采用客户端/服务器端架构，为用户提供基本的室内导航功能。在服务器端，开发者可以添加多种地图服务，为用户提供所在区域的详细的地图信息。除此之外，服务器端需要运行在较高性能的计算机上，接收各种传感器测得数据，执行导航算法、向客户端发送计算的导航结果。系统的客户端安装在 Android 平台下，提供接收服务器端计算的位置信息和地图显示用户位置情况的功能。除此之外，我们本着控制成本，减少人员投入的原则，在离散地磁数据库的建立阶段，使用了第 3 章介绍的 IndoorAltas 网站提供的地磁建图软件，配合服务端完成地磁数据库的创建。

10.3 Android 系统架构

Android 采用 Linux 内核系统，并且进行了分层化设置。最顶层为应用程序所在层，其次是应用程序的框架所在层，然后是系统运行的库函数所在层，最底层为 Linux 核心所在层[89]，其具体组成如图 10.1 所示。Android 架构的底层使用 GPL(General Public License)许可证，非常适合应用软件的开发，并且相关代码开源，对于开发人员开发工作具有很大的帮助。另外，代码的开源也促进了 Android 学习社区的迅速建立，扩大了使用量，除此之外，对于开发者来说，相比 iOS 系统，开源使得 Android 成了一款更适合研究与模仿的系统，而不会像 iOS 系统受到不开源的限制。

1．Linux 内核层

Linux 内核层添加了 Android 移动设备自己特有的驱动程序，并提供关键性系统服务。除此之外，该层作为硬件设备和软件系统的连接桥梁，使开发人员无须考虑硬件设备的细节问题，为开发人员在软件的编程上，提供了一致的编码管理方式。

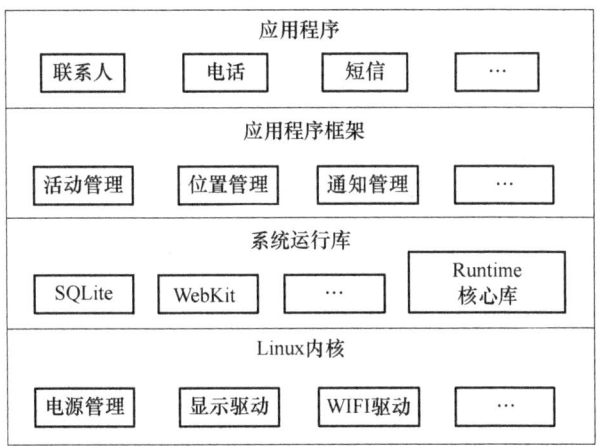

图 10.1 Android 系统架构

2. 系统运行库层

系统运行库层主要包含两部分。一部分是系统库,支撑整个应用程序框架结构,是与核心层紧密相连的重要部分;另一部分是程序运行时,系统提供给开发者的标准库函数,在该层上可以看到每2个程序与之相对应的进程,开发者需要通过编译,将其转换成对应格式,运行在虚拟机上。

3. 应用程序框架层

应用程序框架层以手机为载体,作为其开发平台,为开发者进行应用程序编写时,提供所需要的 API,使得开发者遵守 Android 系统架构准则,保持程序结构的一致性。同时,在开发者进行软件开发时,可以通过调用针对手机硬件定义好的已有命令,进行软件的位置访问、定时设置和后台处理等开发工作,从而达到减轻开发者工作,方便开发的效果。

4. 应用程序层

应用程序层是手机中所有软件都包含的一层,不管是手机自带软件,还是在应用商城下载的软件,它们的 API 在应用层都可以查询到。应用程序层的主要作用是,为开发者开发软件时提供了更好的接口调用服务,解决占有内存过大、处理速度过慢等问题。

10.4 导航系统的总体架构

10.4.1 软件设计模式

在软件系统部分,我们使用大部分开发者经常使用的 C/S 架构,C 的全称是 Client,具体是指我们平时手机安装的软件客户端,S 是 Server 的简称,是指使客户端实现其功能的远程服务器,软件架构如图 10.2 所示。在这种架构下,Android 移动手机终端作为客户端,高性能的计算机作为服务器端。客户端与服务器端不会因为距离太远而受到连接限制,只要二者可以连接到网络,即可完成通信。

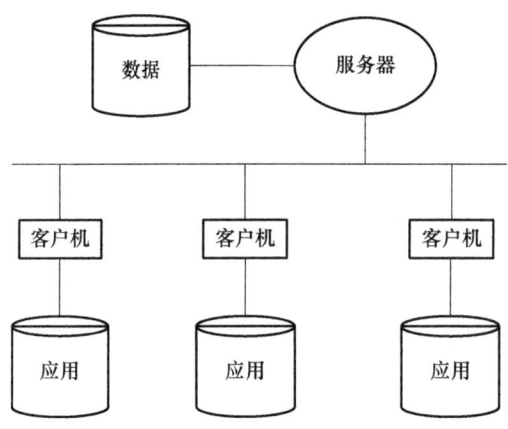

图 10.2 C/S(Client/Server)架构

客户端的主要工作是:①向服务器端提交 APP 使用者的导航请求;②将服务器端得到的结果实现在客户端的显示。服务器端的主要工作是:①当客户端有请求产生时,服务器端需要接收其请求,并做出相对应的响应;②将计算结果发送给客户端。

基于 Android 的室内导航系统设计中,该结构的最大优势在于客户端的响应速度得到了很大的提升。原因在于,我们将客户端与服务器端分别配置在不同设备上,Android 手机上主要运行客户端的程序,高性能的计算机主要运行服务器端导航算法程序。当客户端是多个 Android 手机用户同时向服务器端发送导航请求时,服务器端可以根据需求分配多个线程,同时执行导航算法,并将导航结果返回到 Android 手机用户。这种服务器端处理计算较烦琐的算法模式,减轻了客户端的压力,使得客户端的工作量大大减少,实现了资源的合理配置,同时也加快了运行速度,用户体验的效果得到了进一步提高。

10.4.2 导航系统框架具体设计

整个导航系统中客户端有两个应用程序。一个是导航客户端,为用户提供导航服务;另一个是 IndoorAltas 网站提供的地磁数据库采集客户端,供开发者建立地磁地图。在导航系统中,服务器端有一个应用程序,即执行导航算法服务端。总体来看,地磁数据库采集客户端与服务器端用户都不需要参与,用户只需安装导航客户端。对于开发者而言,需要使用到地磁数据库采集客户端与服务器端,导航系统架构如图 10.3 所示。

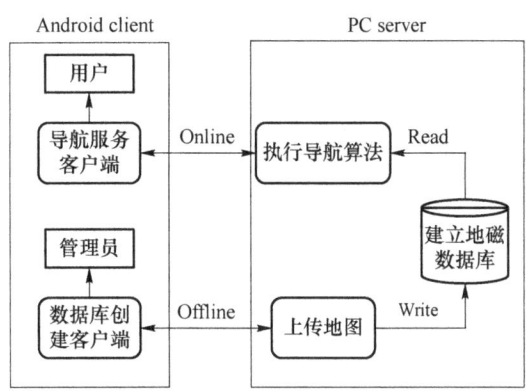

图 10.3 导航系统架构

10.4.3 客户端模块设计

在客户端模块中,我们重点介绍两个客户端的工作任务及实现方式。在利用 IndoorAltas 提供的地磁数据库创建客户端时,开发人员需要通过 IndoorAltas 官网上传所需导航区域的建筑物平面图,然后在 Android 手机安装 IndoorAltas 官网提供的地磁采集软件,进行地磁数据的采集。在采集地磁数据时,设定好每个参考点位置,软件会自动将每一个参考点采集的地磁数据,并连同参考点的位置信息传送到 IndoorAltas 的云端,IndoorAltas 网站会将开发者上传的地磁地图以 ID 号的形式返回给开发者,开发者直接利用 DownloadManager. EXTRA_DOWNLOAD_ID,即可获取上传的地图。

当使用 Android 手机导航客户端进行在线导航时,用户需开启应用程序,应用程序会自动发送用户请求到服务器,服务器会根据用户请求,定位到网站云端的地图信息,并且将其下载到本地,从而用户可以在客户端查看到导航区域的地图信息。当客户端地图信息加载完成后,会接收服务器端输出结果,利用 mapView. refresh()更新客户端用户位置,并显示在 Android 手机上。客户端功能模块如图 10.4 所示。

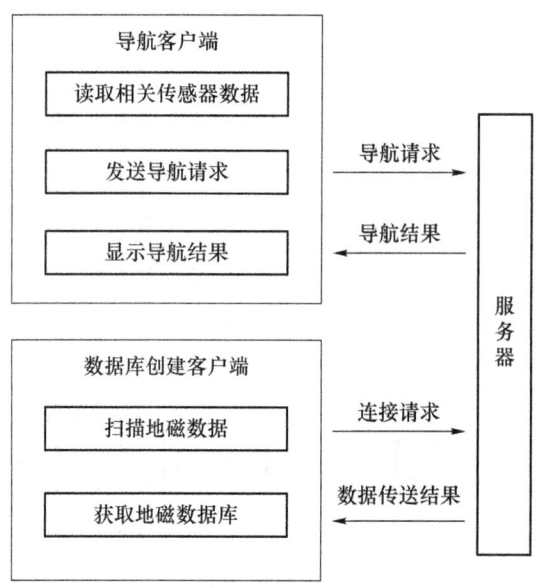

图 10.4　客户端功能模块

10.4.4　服务器端模块设计

在服务器端模块中,为了确保导航服务的实时性,在用户使用时必须连接到互联网。当用户发送导航请求时,服务器端会启动监听线程中的注册监听器 mSensorManager.registerListener,得到用户实时的加速度、角速度以及磁场强度数据,将数据发送给服务器端,调用导航算法,获得用户的经度信息和纬度信息,从而利用 com.indooratlas.android.sdk.IALocationManager 方法,判断算法得到的经度和纬度数据在地图上的对应位置。利用 mIALocationManager.requestLocationUpdates 根据当前的位置监听器 mLocationListener 更新出地图上用户的最新位置,具体功能如图 10.5 所示。

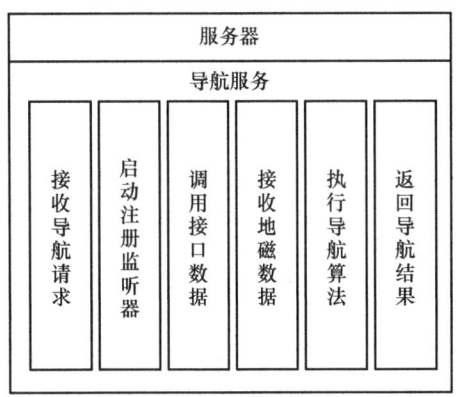

图 10.5 服务器端功能模块

10.4.5 导航流程设计

1. 离线采集

地磁的采集受周围环境的影响较大,所以我们需要根据导航区域的不同,规划离线地磁采集工作。在采集前,首先,我们需要确定手机的拿取方式,保证手机水平向上;其次,根据导航区域实际情况,设置好地磁采集参考点。在地磁采集时,用户需要遍历预先设置好的地磁采集参考点,并且为了建立更加准确的地磁地图,需要用户在各点测量多次磁场强度值,实现对每个区域地磁信号数据的准确采集。在该过程中,地图的建立是由软件自动完成的,采集者的工作只是按照设置的采集点,打开软件,在各个参考点行走即可。由于地磁数据库的准确与否影响了导航算法的精度,所以当导航环境发生变化时,采集者需要再次采集地磁数据,较快地更新地磁地图,以便地磁数据库里的磁场数据与实际相吻合。

2. 在线导航

在线导航阶段中,需要用户在 Android 手机上安装好导航软件,进入导航区域之后,开启导航软件,找到自己所在位置,根据自己实际需求,导航至所要到达区。在此过程中,系统会自动完成导航功能,用户只需安装导航客户端即可。我们利用无线网使客户端与服务器端进行通信,当多个客户端对服务器端发送导航请求时,我们将服务器端设置为多线程模式,分配给每个客户端一个线程,以便更快地给出各个客户端的导航结果。

10.5 导航系统实现

10.5.1 加速度、陀螺仪、地磁信息的提取与处理

由于 Android 手机内部自带多种传感器,并且系统提供了相关的开发包,我们只需在软件上调用所对应的 API 即可获取传感器数据。

首先,在 Android 系统下利用 sensorManager =(SensorManager)getSystemService(Context. SENSOR_SERVICE),获取一个 SensorManager 对象,使其实例化。具体含义是,使 SensorManager 作为 Android 系统下所有传感器的入口,实例化就是可以通过该入口调用里面的方法。其次,确定使用的传感器,获取方法为 getDefaultSensor(),我们主要用到了 Android 中加速度计、陀螺仪、磁场传感器,具体对应名称见表 10.1。我们以获取加速度为例,sensor = sensorManager. getDefaultSensor(Sensor. TYPE_ACCELEROMETER),执行上述语句,即可获取加速度计数据,其他传感器获取方法与其一致。最后,注册传感器的监听事件,也就是说我们需要对传感器的输出信号进行监听,具体方法为利用 registerListener()实现对传感器使用注册监听器。所用传感器均包括 $X/Y/Z$ 三轴,通过提取用户手机内部加速度信息、陀螺仪信息、地磁信息,用于显示和定位,

在算法验证过程中,我们开发了采集手机内部传感器数据的 APP,界面如图 10.6 所示。

表 10.1　传感器获取指示

Sensor. TYPE_ACCELEROMETER	加速度计
Sensor. TYPE_GYROSCOPE	陀螺仪
Sensor. TYPE_MAGNETIC_FIELD	地磁传感器

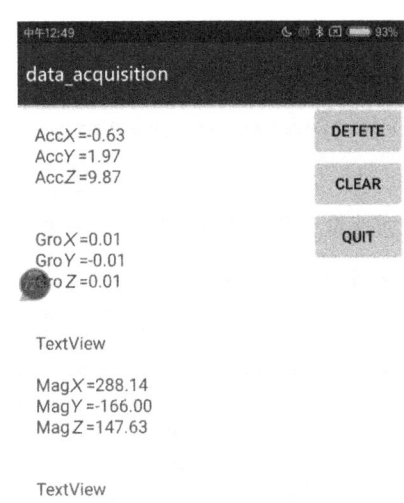

图 10.6　加速度信息、陀螺仪信息、地磁信息采集结果

10.5.2　客户端与服务器端数据交换

在 Android 系统下,客户端与服务器端主要有两种通信方式。一种是通过 http 进行通信;另一种是通过 socket 进行通信。二者的不同之处在于,http 通信是在用户发送请求时,建立与服务器端的连接,服务器端执行相应操作,将结果返

回到客户端。Socket 通信是先建立好客户端与服务器端的连接,在此基础上,进行数据的发送与接收。http 通信的优点在于在建立网络连接后,用户每次向客户端发送请求时,即可实现数据的传送,减少了数据丢包的问题。

由于我们导航算法的代码实现是通过 Python 语言进行编写的,但整个 APP 的开发是通过 Java 语言实现的。为了将二者进行整合,我们在 Java 中利用(String requestUrl, String requestMethod)发起 http 请求,将算法所需数据写入 http 参数中,Python 通过 flask 框架结构,使用 method=['GET']获取 http 请求,从而得到数据,执行导航算法,最后我们将算法结果传入 APP 中。

具体通信方式如下。在客户端,调用 IndoorAltas 的 SDK 中 location()类里的 getLatitude(),getLongitude(),getAcc_x(),getAcc_y(),getAcc_z(),getGyro_x(),getGyro_y(),getGyro_z(),getMagnet_x(),getMagnet_y(),getMagnet_z()获取客户端的经纬度数据、加速度数据、陀螺仪数据、地磁数据,通过建立 http 请求,设置 IP 地址和端口号(172.168.70.73:8888),发送给服务器端。反之,当服务器端将导航结果返回时,客户端利用 accept()方法,获取服务器端的数据。当有数据被接收到时,我们通过 inputstream 进行数据的读取。在服务器端,通过 @app.route('/analysis/', methods=['GET']),获取 http 接口,利用 request.args.get()得到客户端数据,执行导航算法,最后将算法结果存成 jsonify(),写入 http 请求中,客户端回调 http 接口,将导航结果传回客户端中。

10.5.3 离线训练阶段的实现

在线的准确与否与离线地磁地图创建的好坏有着至关重要的作用。而离线地图创建过程只通过人工统计的方法来做的话,非常花费时间和人力。基于以上问题,本章采用 IndoorAltas 提供的地图建立软件用于地图创建,从而减少人工成本及时间成本,地磁采集流程如图 10.7 所示。短连接方式可以有效地将参考点的地磁数据与坐标数据发送到服务器端。当室内环境发生变化或者采集人员采集出现某些问题时,都会影响测量到的地磁信号的好与坏,所以我们要求采集人员需要利用 IndoorAltas 软件多次扫描地磁信息。

第10章 基于Android手机的室内导航实现

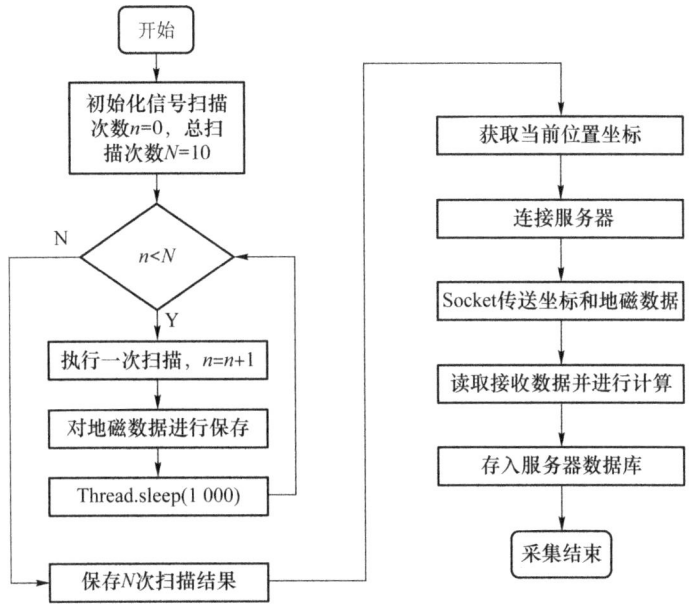

图10.7 地磁信息的采集流程图

10.5.4 在线导航阶段的实现

在执行完上面的离线地图创建过程后,我们就可以利用采集到的地图完成在线导航,但是在线导航的结果受离线阶段数据库的精度的影响。离线地磁数据库中的数据误差越小,导航的准确程度越高,除此之外,对导航结果影响较大的还有导航算法的好坏,在线导航算法的实施流程如图10.8所示。

在Android手机上运行导航客户端,获取用户所在位置的地磁数据,并将导航请求与数据以短连接的方式发送到服务器端,实现快速导航。这里我们将导航阶段地磁信息扫描的次数设置为5,当扫描完成后,将地磁数据传送到服务器端。在在线导航阶段,将待导航用户检测到的磁场值、加速度计值、陀螺仪值等数据传入算法中,得到导航对应的坐标和区域,这时用户可以直观地看出,自己在室内环境的相对位置情况。图10.9为我们所开发的室内导航APP界面图,图10.9(a)为APP中第一个界面,用于显示已采集完的地图信息、地图名称和所用传感器列表的功能。在本次实验中,我们采集了某大学某楼7楼和9楼的地图数据。图10.9(b)显示为某大学某楼9楼的地图与用户位置,以及用户在行走过程中的各个传感器数据。我们在软件使用测试时,当用户从每个房间经过时,都可以在地图上精准地显示用户位置变化的情况。

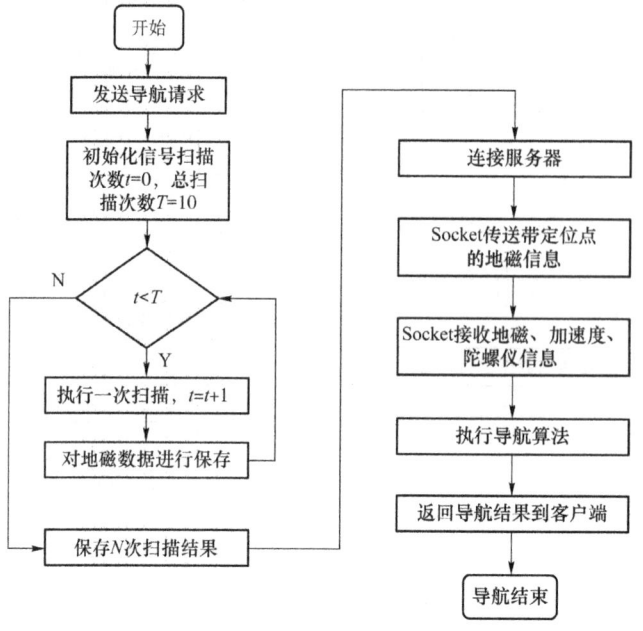

图 10.8 在线导航阶段流程图

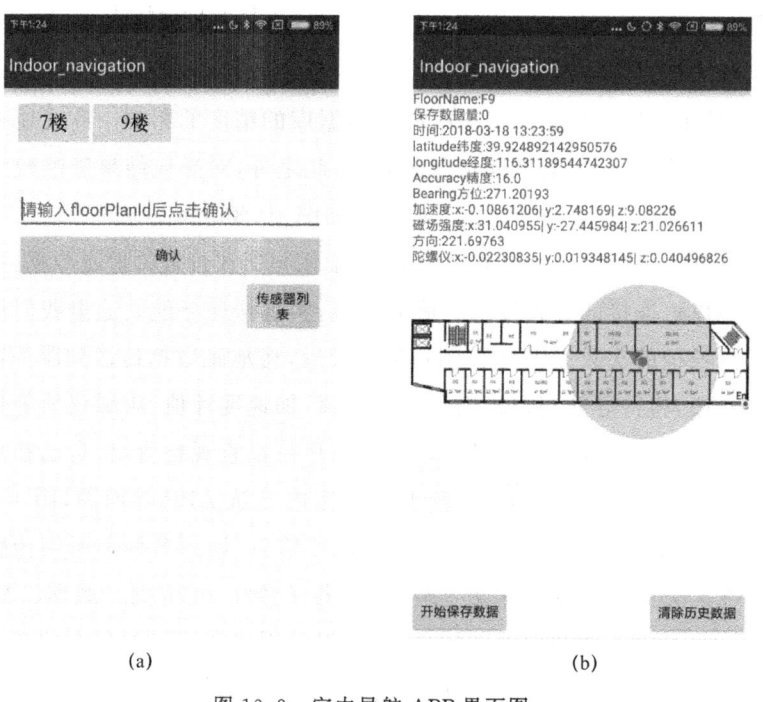

(a)   (b)

图 10.9 室内导航 APP 界面图

10.6 软件性能分析

在移动端越来越智能化的时代，人们对应用软件的要求越来越高。我国大部分智能手机用户都是 Android 系统，但 Android 系统开发人员面临的很大问题就是 APP 的卡顿、系统瘫痪等。由于这些问题的存在，从而造成 Android 用户的严重流失。近几年来，对于性能的优化已经成为人们重点关心的问题，同时也出现一些工具来辅助我们对软件性能进行检测。

对于所开发的 APP 性能测试，我们采用市场上较为成熟的 GT 软件。我们只需在手机中安装 GT 软件，在 GT 软件中打开我们开发的软件，即可完成其性能测试，图 10.10(a)为 GT 对我们开发的 APP（indoor_navigation）所要测试的指标。鉴于我们设计的 APP 主要功能是提供实时导航服务，所以测试重点选择为软件的

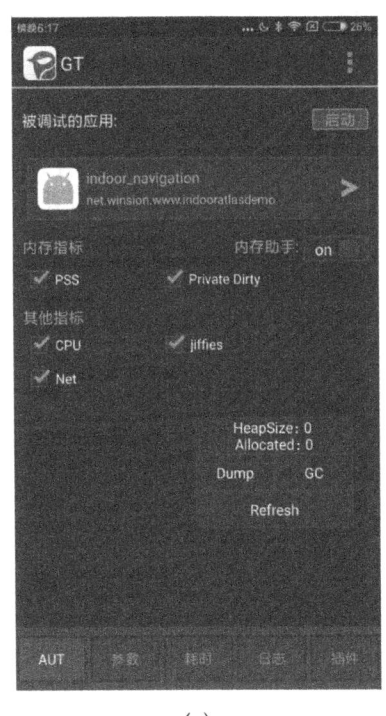
(a)

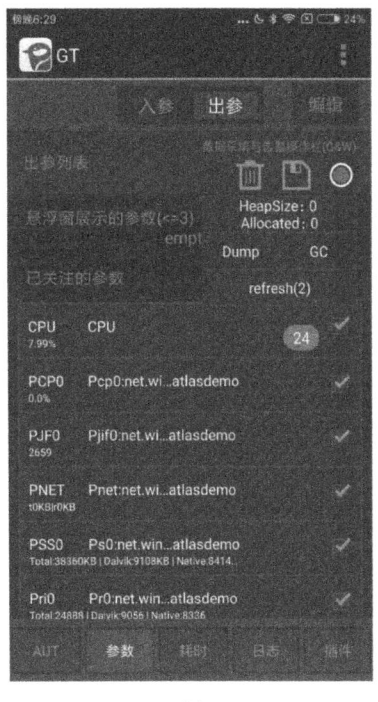
(b)

图 10.10　GT 测试指标界面和软件测试界面

安装和卸载测试、内存消耗测试以及异常测试。在软件的安装和卸载测试环节,我们将所开发的软件应用程序分别安装在华为 G9、小米 Note 4X 手机上,软件都可以正确安装到设备驱动程序上使用,同时可以安全卸载该开发应用软件,不会影响手机上其他软件的使用情况;在内存消耗测试环节,我们利用 GT 进行实时监测,测试结果表明,开发的 APP 内存消耗可控制在 20% 以内。在异常测试环节,如图 10.10(b) 所示,PCP0 为我们开发的软件进行监控,无异常问题,符合软件开发准则。

本章小结

针对室内导航软件的开发问题,首先,本章从需求分析出发,对手机使用情况、室内导航应用场景与现状进行了阐述,确定该需求的可行性和软件功能及实现流程;其次,介绍了 Android 系统的基本理论知识和软件设计模式,并针对开发软件,从客户端和服务器端两个方面,分别详细说明了架构、具体功能,以及客户端与服务器端的通信方式;再次,针对本实验研究内容,从离线地磁地图建立和在线导航两个方面,对开发软件进行了系统说明,并利用所在教学楼对开发的 APP 进行实际操作,对软件的室内导航功能进行了验证;最后,对 APP 进行了性能分析,整体性能指标符合软件开发标准。

参考文献

[1] 李磊,叶涛,谭民,等. 移动机器人技术研究现状与未来[J]. 机器人,2002, 24(5):475-480.

[2] 陈家乾. 移动机器人自主创建环境地图的研究[D]. 杭州:浙江大学,2009.

[3] NILSON N J. A mobile automation: An application of artificial intelligence techniques[C]//Proceedings of the Fith International Joint Conference on Artificial Intelligence. 1969:509-520.

[4] MOSHER R. Test and evaluation of a versatile walking truck[C]// Proceedings of Off-Road Mobility Research Symposium. 1968:359-379.

[5] MARDIYANTO R, ANGGORO J, BUDIMAN F. 2D map creator for robot navigation by utilizing Kinect and rotary encoder[C]//2015 International Seminar on Intelligent Technology and Its Applications (ISITIA). IEEE, 2015:81-84.

[6] 吴俊君. 移动机器人视觉同时定位与地图构建关键算法研究[D]. 广州:华南理工大学,2013.

[7] LEONARD J J, DURRANT-WHYTE H F. Simultaneous map building and localization for an autonomous mobile robot[C]//Proceedings IROS '91:IEEE/RSJ International Workshop on Intelligent Robots and Systems '91. IEEE, 1991: 1442-1447.

[8] 郑宏. 移动机器人导航和SLAM系统研究[D]. 上海:上海交通大学,2007.

[9] 朱福利. 基于SLAM的移动机器人室内环境感知和地图构建研究[D]. 广州:

广东工业大学, 2016.

[10] HYUNG S Y, ROH K S, YOON S J. Robot and method for creating path of the robot: US9254571[P]. 2016-02-09.

[11] SMITH R, SELF M, CHEESEMAN P. Estimating uncertain spatial relationships in robotics[C]//Proceedings of 1987 IEEE International Conference on Robotics and Automation. New York: Elsevier Science. IEEE, 1987: 850.

[12] DONG Z. A study of global laser location system for autonomous mobile robot[J]. Robot, 2000, 22(3): 207-210.

[13] KOHLBRECHER S, MEYER J, GRABER T, et al. Hector open source modules for autonomous mapping and navigation with rescue robots[C]//RoboCup 2013: Robot World Cup XVII 17. 2014: 624-631.

[14] GRISETTI G, STACHNISS C, BURGARD W. Improved techniques for grid mapping with Rao-blackwellized particle filters[J]. IEEE Transactions on Robotics, 2007, 23(1): 34-46.

[15] NUBLI N I B, SARIFF N B. Mobile Robot Obstacles Avoidance by Using Braitenberg Approach[J]. Abstract of Emerging Trends in Scientific Research, 2014, 2: 1-15.

[16] ZHANG B X, LIU J, CHEN H Y. AMCL based map fusion for multi-robot SLAM with heterogenous sensors[C]//2013 IEEE International Conference on Information and Automation (ICIA). IEEE, 2013: 822-827.

[17] KWON Y D, JIN S L. A Stochastic Map Building Method for Mobile Robot using 2-D Laser Range Finder[M]. Kluwer Academic Publishers, 1999.

[18] 何佳, 戎辉, 王文扬, 等. 百度谷歌无人驾驶汽车发展综述[J]. 汽车电器, 2017(12): 19-21.

[19] 徐曙. 基于SLAM的移动机器人导航系统研究[D]. 武汉: 华中科技大学, 2014.

[20] BOSSE M,ZLOT R. Map matching and data association for large-scale two-dimensional laser scan-based SLAM[J]. The International Journal of Robotics Research,2008,27(6):667-691.

[21] SIM R,ELINAS P,LITTLE J J. A study of the Rao-blackwellised particle filter for efficient and accurate vision-based SLAM[J]. International Journal of Computer Vision,2007,74(3):303-318.

[22] 武二永,项志宇,沈敏一,等. 大规模环境下基于激光雷达的机器人SLAM算法[J]. 浙江大学学报(工学版),2007,41(12):1982-1986.

[23] 陈玲. 移动机器人vSLAM研究与实现[D]. 上海:上海交通大学,2007.

[24] 李昀泽. 基于激光雷达的室内机器人SLAM研究[D]. 广州:华南理工大学,2016.

[25] 王依人,邓国庆,刘勇,等. 基于激光雷达传感器的RBPF-SLAM系统优化设计[J]. 传感器与微系统,2017,36(9):77-80.

[26] 廖自威,李荣冰,雷廷万,等. 基于几何特征关联的室内扫描匹配SLAM方法[J]. 导航与控制,2016,15(3):26-32.

[27] 朱福利. 基于SLAM的移动机器人室内环境感知和地图构建研究[D]. 广州:广东工业大学,2016.

[28] GONG Z,LI J,LI W. A low cost indoor mapping robot based on TinySLAM algorithm[C]//2016 IEEE International Geoscience and Remote Sensing Symposium (IGARSS). IEEE,2016:4549-4552.

[29] 宋宇,孙富春,李庆玲. 移动机器人的改进无迹粒子滤波蒙特卡罗定位算法[J]. 自动化学报,2010,36(6):851-857.

[30] 顾爽,陈启军. 基于全景视觉匹配的移动机器人蒙特卡罗定位算法[J]. 控制理论与应用,2012,29(5):585-591.

[31] 王元华,李贻斌,汤晓. 基于激光雷达的移动机器人定位和地图创建[J]. 微计算机信息,2009,25(14):227-229.

[32] 陈细军. 移动机器人CASIA-I体系结构与运动控制研究[D]. 北京:中国科学院自动化研究所,2003.

[33] 李磊,陈细军,候增广,等. 自主轮式移动机器人CASIA-I的整体设计

[J]. 高技术通讯,2003,13(11):51-55.

[34] 戴斌,聂一鸣,孙振平,等. 地面无人驾驶技术现状及应用[J]. 汽车与安全,2012(3):46-49.

[35] 张朋. 以百度无人汽车为例浅析计算机科学对于汽车智能化的推动作用[J]. 中国战略新兴产业,2017(36):34,36.

[36] 卢恒惠,刘兴川,张超,等. 基于三角形与位置指纹识别算法的WiFi定位比较[J]. 移动通信,2010,34(10):72-76.

[37] 魏菲,李允俊,金华. 使用位置指纹算法的WiFi定位系统设计[J]. 单片机与嵌入式系统应用,2014,14(5):29-32.

[38] HALLBERG J, NILSSON M, SYNNES K. Positioning with bluetooth [C]//10th International Conference on Telecommunications, 2003. ICT 2003. IEEE, 2003:954-958.

[39] 陈学卿,高凡,马伟朕. 基于超宽带(UWB)技术的无线定位系统的研究[J]. 桂林航天工业高等专科学校学报,2008,13(4):15-16.

[40] 杨狄,唐小妹,李柏渝,等. 基于超宽带的室内定位技术研究综述[J]. 全球定位系统,2015,40(5):34-40.

[41] FEDORA N R. Precision approach guidance using global navigation satellite system (GNSS) and ultra-wideband (UWB) technology: US20070129879[P]. 2007-06-07.

[42] SHI G, MING Y. Survey of indoor positioning systems based on ultra-wideband (UWB) technology[C]//Wireless Communications, Networking and Applications: Proceedings of WCNA 2014. 2016:1269-1278.

[43] 王富东. 超声波定位系统的原理与应用[J]. 自动化与仪表,1998,13(3):15-17.

[44] SANPECHUDA T, KOVAVISARUCH L. A review of RFID localization: applications and techniques[C]//2008 5th International Conference on Electrical Engineering/Electronics, Computer, Telecommunications and Information Technology. IEEE, 2008:769-772.

[45] 马正华,章明,李敏,等. 分步定位法在ZigBee定位系统中的应用[J]. 测

控技术，2012，31(4)：111-113.

[46] HAVERINEN J, KEMPPAINEN A. Global indoor self-localization based on the ambient magnetic field[J]. Robotics and Autonomous Systems, 2009, 57(10)：1028-1035.

[47] 苏松，胡引翠，卢光耀，等. 低功耗蓝牙手机终端室内定位方法[J]. 测绘通报，2015(12)：81-84，97.

[48] KAEMARUNGSI K, RANRON R, PONGSOON P. Study of received signal strength indication in ZigBee location cluster for indoor localization [C]//2013 10th International Conference on Electrical Engineering/Electronics, Computer, Telecommunications and Information Technology. IEEE, 2013：1-6.

[49] 庞艳，乔静. UWB无线定位技术探讨[J]. 电信快报，2005(11)：49-51.

[50] 华蕊，郝永平，杨芳. 超声波定位系统的设计[J]. 国外电子测量技术，2009，28(6)：65-67.

[51] 罗庆生，韩宝玲. 一种基于超声波与红外线探测技术的测距定位系统[J]. 计算机测量与控制，2005，13(4)：304-306.

[52] 肖建飞. WiFi定位的应用和实现[J]. 计算机光盘软件与应用，2011，14(17)：77.

[53] 韩晶. 基于RFID标签的定位原理和技术[J]. 电子科技，2011，24(7)：64-67.

[54] A BILKE, J SIECK. Using the magnetic field for indoor localisation on a mobile phone[M]. Progress in Location-Based Services. Springer Berlin Heidelberg, 2013：195-208.

[55] 孟岩. ANDROID组件模型评析(上)[J]. 程序员，2008(1)：49-51.

[56] 张思航. 服务机器人二维激光里程计构建及自主导航[D]. 大连：大连理工大学，2016.

[57] GRISETTI G, STACHNISS C, BURGARD W. Improving grid-based SLAM with Rao-blackwellized particle filters by adaptive proposals and selective resampling[C]//Proceedings of the 2005 IEEE International

Conference on Robotics and Automation. IEEE,2006:2432-2437.

[58] KOHLBRECHER S,MEYER J,GRABER T,et al. Hector open source modules for autonomous mapping and navigation with rescue robots[C]// RoboCup 2013:Robot World Cup XVII. Heidelberg:Springer Berlin Heidelberg,2014:624-631.

[59] HESS W,KOHLER D,RAPP H,et al. Real-time loop closure in 2D LIDAR SLAM[C]//2016 IEEE International Conference on Robotics and Automation (ICRA). IEEE,2016:1271-1278.

[60] 王法胜,鲁明羽,赵清杰,等. 粒子滤波算法[J]. 计算机学报,2014,37(8):1679-1694.

[61] 张福浩,刘纪平,李青元. 基于Dijkstra算法的一种最短路径优化算法[J]. 遥感信息,2004,19(2):38-41.

[62] 潘丽丽. 基于A*算法的实时避障路径规划研究与实现[J]. 科技展望,2014,24(1):4-6.

[63] 林琳. SINS/GPS组合导航方法研究[D]. 哈尔滨:哈尔滨工业大学,2007.

[64] 吴富梅. GNSS/INS组合导航误差补偿与自适应滤波理论的拓展[D]. 郑州:解放军信息工程大学,2010.

[65] 张荣辉,贾宏光,陈涛,等. 基于四元数法的捷联式惯性导航系统的姿态解算[J]. 光学 精密工程,2008,16(10):1963-1970.

[66] 王新龙,于洁. 基于矢量跟踪的SINS/GPS深组合导航方法[J]. 中国惯性技术学报,2009,17(6):710-717.

[67] 富立,王玲玲,高鹏,等. 一种微惯性/软件接收机超紧组合方案研究[J]. 电子学报,2011,39(3):660-664.

[68] 唐康华. GPS/MIMU嵌入式组合导航关键技术研究[D]. 长沙:国防科学技术大学,2008.

[69] 唐康华,黄新生,吴美平,等. MIMU/GPS嵌入式组合导航中GPS信号非相干搜索算法分析[J]. 空间科学学报,2007,27(3):258-264.

[70] 王韬. INS/GPS复合制导技术及其在火箭弹中的应用研究[D]. 哈尔滨:

哈尔滨工业大学，2014.

[71] 刘猛，高延滨，李光春，等. 基于伪地球坐标系的捷联惯导全球动基座初始对准算法[J]. 中国惯性技术学报，2017，25(5)：585-591.

[72] 罗勇. GNSS/INS 深组合导航系统信息匹配问题与跟踪算法研究[D]. 长沙：国防科学技术大学，2012.

[73] 叶萍. MEMS IMU/GNSS 超紧组合导航技术研究[D]. 上海：上海交通大学，2011.

[74] 张涛. GPS/SINS 超紧密组合导航系统的关键技术研究[D]. 哈尔滨：哈尔滨工程大学，2010.

[75] 曾庆双，李仁，陈希军. 基于软件定义无线电的紧耦合 GNSS/INS 组合导航结构[J]. 中国惯性技术学报，2010，18(5)：567-573.

[76] WANG M，YANG Y C，HATCH R R，et al. Adaptive filter for a miniature MEMS based attitude and heading reference system［C］//PLANS 2004. Position Location and Navigation Symposium. IEEE，2004：193-200.

[77] 彭富清. 地磁模型与地磁导航[J]. 海洋测绘，2006，26(2)：73-75.

[78] 张纯学. 地磁导航技术及其应用[J]. 飞航导弹，2004(2)：64.

[79] SUKSAKULCHAI S，THONGCHAI S，WILKES D M，et al. Mobile robot localization using an electronic compass for corridor environment［C］//Smc 2000 Conference Proceedings. 2000 Ieee International Conference on Systems，Man and Cybernetics. 'Cybernetics Evolving to Systems，Humans，Organizations，and Their Complex Interactions'. IEEE，2002：3354-3359.

[80] CHUNG J，DONAHOE M，SCHMANDT C，et al. Indoor location sensing using geo-magnetism［C］//Proceedings of the 9th International Conference on Mobile Systems，Applications，and Services. ACM，2011：141-154.

[81] LI B H，GALLAGHER T，DEMPSTER A G，et al. How feasible is the use of magnetic field alone for indoor positioning? ［C］//2012

International Conference on Indoor Positioning and Indoor Navigation (IPIN). IEEE, 2012: 1-9.

[82] KIM S E, KIM Y, YOON J, et al. Indoor positioning system using geomagnetic anomalies for smartphones [C]//2012 International Conference on Indoor Positioning and Indoor Navigation (IPIN). IEEE, 2012: 1-5.

[83] KUO Y-S, PANNUTO P, HSIAO K J, et al. Luxapose: indoor positioning with mobile phones and visible light[C]//Proceedings of the 20th Annual International Conference on Mobile Computing and Networking. ACM, 2014: 447-458.

[84] LI B H, GALLAGHER T, DEMPSTER A G, et al. How feasible is the use of magnetic field alone for indoor positioning? [C]//2012 International Conference on Indoor Positioning and Indoor Navigation (IPIN). IEEE, 2012: 1-9.

[85] LE GRAND E, THRUN S. 3-Axis magnetic field mapping and fusion for indoor localization [C]//2012 IEEE International Conference on Multisensor Fusion and Integration for Intelligent Systems (MFI). IEEE, 2012: 358-364.

[86] 识途科技 [EB/OL]. http://www.ubirouting.com.

[87] INDOOR ATLAS L. Ambient magnetic field-based indoor location technology: Bringing the compass to the next level[J]. Indoor Atlas Ltd, 2012.

[88] 乔玉坤,王仕成,张琪. 地磁匹配制导技术应用于导弹武器系统的制约因素分析[J]. 飞航导弹, 2006(8): 39-41.

[89] MARK L MURPHY. Android 开发入门教程[M]. 李雪飞,吴明晖,译. 北京:人民邮电出版社,2010.